中国海洋大学教材建设基金资助

算法大视界

魏振钢　主编

高　云　傅晓杉　王　燚　副主编

电子工业出版社·

Publishing House of Electronics Industry

北京·BEIJING

内 容 简 介

本书以"问题驱动"为导向,结合数据结构课程知识的精华内容,通过学生对日常学习、生活中遇到的典型问题和案例的分析、讨论,引导学生了解数据结构的相关知识,培养学生对算法设计和分析的兴趣,帮助学生了解"计算思维"的内涵及本质,提高学生"IT"职业素养和分析能力。

本书共 10 章,内容涉及线性表、堆栈、队列、查找、排序、二叉树、图等数据结构的基础知识。在内容组织上,打破传统数据结构教材的编排顺序,将需要解决的问题作为主线。除第 1 章绪论外,其余 9 章均以一个具体问题为引导,然后针对该问题展开,对相关知识进行介绍。例如,第 3 章奖学金争先,通过学生奖学金的计算及发放问题,对排序的相关知识进行介绍;第 4 章网上冲浪,根据浏览器的浏览操作原理,对堆栈及相关知识进行介绍。这样容易吸引学生的注意力,使学习不再枯燥。

本书可作为高校相关通识课程的参考教材,也可以作为中小学生信息技术类的课外读物。

图书在版编目(CIP)数据

算法大视界 / 魏振钢主编. —北京:电子工业出版社,2021.2
ISBN 978-7-121-40402-3

Ⅰ. ①算… Ⅱ. ①魏… Ⅲ. ①计算机算法－高等学校－教材 Ⅳ. ①TP301.6

中国版本图书馆 CIP 数据核字(2021)第 005400 号

责任编辑:孟 宇   文字编辑:李 蕊
印   刷:涿州市京南印刷厂
装   订:涿州市京南印刷厂
出版发行:电子工业出版社
     北京市海淀区万寿路 173 信箱 邮编:100036
开   本:720×1000 1/16 印张:11.25 字数:198 千字
版   次:2021 年 2 月第 1 版
印   次:2021 年 7 月第 2 次印刷
定   价:39.00 元

凡所购买电子工业出版社图书有缺损问题,请向购买书店调换。若书店售缺,请与本社发行部联系,联系及邮购电话:(010)88254888,88258888。

质量投诉请发邮件至 zlts@phei.com.cn,盗版侵权举报请发邮件至 dbqq@phei.com.cn。
本书咨询联系方式:mengyu@phei.com.cn。

一 前 言 一

时隔两年多的时间,《算法大视界》一书终于和大家见面了。本书是作者本人在中国海洋大学面向全校非计算机类专业所开设的通识课程"算法大视界"的配套教材。为什么要开设这样一门课程? 它的目标是什么?

1. 开课背景

本人在中国海洋大学长期从事"数据结构"课程的教学工作,该课程先后被评为山东省省级精品课、教育部–英特尔精品课。其慕课课程在"智慧树"平台运行多年,先后有一百多所高校将其作为学分课程选用,累计选课学生过万,深受选课学校欢迎,入选"智慧树"双一流高校专业课 TOP100。"智慧树"平台相关负责老师一直希望本人在平台上开设一门与"数据结构"相关的通识课程,让更多的学校和学生受益。中国海洋大学于 2017 年启动了"通识教育再启航"的教学创新,其中的"科学与技术"板块希望有更多的理工类通识课程出现,教务处领导也希望并鼓励本人能够为海大学生开设一门以"数据结构"知识为背景的通识课程。另外,随着信息技术的飞速发展,以人工智能、大数据、云计算等为代表的计算机技术迎面扑来,众多非计算机类专业的学生也希望对这些知识和技术有所了解。在此背景下,本课程及配套教材应运而生。

2. 课程及教材的目标及内容体系

在构思课程及教材的目标和内容体系时,主要考虑了以下几个方面的因素。

(1)IT 技术飞速发展,移动智能终端的普及,"互联网+"背景下的各种应用,其所蕴含的软件技术基础是什么?

(2)"计算思维"的内涵及本质是什么? 伴随着互联网成长的当代大学生应该

具有什么样的"IT"职业素养和知识能力？

（3）目前国家对中小学生的信息技术教育也在从简单的操作层面向算法及程序设计层面转型，希望在"计算思维"的培养方面有所体现。本教材也可以作为中小学生的信息技术类的课外读物。

基于以上几点，我们从"数据结构"课程知识中提取精华，结合大家现在经常用到的移动智能设备当中的一些基本的功能，演化出本课程及教材的目标和内容体系。可以总结为以下两点：

（1）"问题驱动"为导向。通过对日常学习、生活中遇到的典型问题和案例的分析、讨论，引导学生了解"数据结构"的相关知识，培养学生对算法设计和分析的兴趣。例如，手机导航、微信通讯录、浏览器浏览等基本原理。

（2）通过学习，培养和提升学生的计算思维能力，提高学生解决实际问题的能力。

本书共10章。除第1章绪论外，其余9章均以一个具体问题为题，展开相关知识的介绍。例如，第3章奖学金争先，通过学生奖学金的计算及发放问题，对排序相关知识进行介绍；第4章网上冲浪，通过浏览器的浏览操作原理，对堆栈及相关知识进行介绍。这些案例及问题，都是学生身边所发生的或经常接触和操作的事情，容易激发学生的兴趣和提高注意力，使学习不再枯燥。

"算法大视界"由中国海洋大学计算机专业在校学生命名，寓意是"对数据结构有一定了解会为我们将来找工作提供更多的帮助，是个人视野、想法的体现，采用世界的谐音，其意味深远"。

"算法大视界"课程的开课以及相应教材的出版，是多位朋友、同事及合作伙伴共同努力的结果。在这里首先要感谢"智慧树"在线教学平台的董事长葛新女士和中国海洋大学教务处处长方奇志教授，是她们的引导、启发和鼓励，才有了这门课程和相应教材；其次要感谢我的同事高云博士、智慧树中国海洋大学崇本课栈的乔旭和张静，是她们和我共同策划了课程的主要内容及章节结构；然后还要感谢中国海洋大学计算机专业2016级学生李晓宇、王会金、魏家琪、廖舒淇、马小兰、李旭梅，由他们共同为本课程命名；最后要感谢智慧树中国海洋大学崇本课栈的陈秀英、国拯，以及我的研究生康婷婷、李飞帆、刘畅和姬晓飞，在授课视频录制、资料和初稿的整理等方面，做了大量的工作；还要感谢电子工业出版社的孟宇编辑，她对本书的编写等事宜，提出了很多指导建议。由于作者水平有限，书中不完善之处甚至错误在所难免，恳请读者批评指正。

魏振钢

2020 年 10 月

一 目 录 一

第1章
绪　论

本章主要通过下载消消乐游戏等几个案例，来介绍算法的概念、特性；通过"敲7"游戏，简单介绍计算机求解问题的步骤。通过本章学习，为后续章节的学习奠定良好基础。

1.1　何为算法

何为算法？先观察在手机中下载消消乐游戏的过程，如图 1.1 所示。

（1）选择一个下载消消乐游戏的界面。

（2）进入应用商店。

（3）在搜索框内输入"消消乐"，找到开心消消乐这个游戏。

（4）单击进入安装界面，进行游戏安装。

（5）消消乐游戏安装完成。

(a) 游戏下载界面　　　　(b) 进入应用商店　　　　(c) 进入搜索页面

(d) 安装界面　　　　(e) 安装完成

图 1.1

消消乐游戏下载过程

　　消消乐游戏的下载过程，就是在手机系统的提示下，一步步完成的，而这一系列下载的步骤，就构成了一个下载的算法。

　　再举一例，手机密码检测界面如图 1.2 所示。通常，我们初次使用手机时会设置一个密码，再次打开手机时，输入设定的密码，手机里的程序会根据输入的数字逐一进行检测。如果全部密码都符合要求，则解锁成功。整个匹配的过程也是一个算法。

图 1.2
手机密码检测界面

在日常生活中，还会遇到类似很多的例子，从这些例子中可以总结出：算法是完成一个任务所需要的一系列的步骤。

定义：算法是对特定问题求解步骤的一种描述，它是指令的有限序列，其中每一条指令表示一个或多个操作。

1.2　算法的特性

一个算法必须满足以下 5 个重要特性。

（1）有穷性。对于任意一组合法输入值，在执行有穷步骤之后一定能结束。即算法中的每个步骤，都能在有限时间内完成。

（2）确定性。对于每种情况下所应执行的操作，在算法中都有明确的规定，使算法的执行者或阅读者都能够明确其含义及如何执行，并且在任何条件下，算法都只有一条执行路径，不允许存在二义性。

例如，"张三对李四讲，他的儿子考上了大学"。这句话的确切含义是什么呢？或者说这句话是否有问题？

如果张三和李四在谈话的过程中有一个完整的谈话内容，那么"他的儿子"这个概念非常明确。但是，如果没有上下文的理解，单纯就这一句话而言，这句话是存在歧义的。这个歧义在于"他的儿子"这几个字，既可以理解为张三的儿子，也可以理解为李四的儿子，这样就产生了二义性，从而不符合确定性要求。

（3）可行性。算法中的所有操作都必须是基本操作，都可以通过已经实现的基本操作运算在有限次内实现。可以这样理解，在描述一个算法的时候，它的每一步必须是基本可行的，不能只用一句话概括要实现的内容，因为计算机并不知道该如何具体操作来实现。

（4）有输入。作为算法加工对象的量值，通常体现为算法中一组变量，有些输入量需要在算法执行过程中输入，而有的算法表面上可以没有输入，实际上已被嵌入算法之中，输入就相当于算法的处理对象。

（5）有输出。它是一组与"输入"有确定关系的量值，是算法执行信息加工后得到的结果，这种确定关系即为算法的功能。

1.3 "敲7"游戏

游戏描述（游戏规则）：集体游戏，一群人围成一圈，从某一位置的人开始，其报数为1，报到含有7或7的倍数的人敲桌子，其他人按数字顺序报数，应该敲桌子却报数的人要出局。要求输出每一轮每个人的报数或者敲桌子的情况。

1.3.1 数据元素

"敲7"游戏需要一群人围在一起来玩，需要先回答这样一个问题，计算机中如何表示一个"人"？

表示人的属性有很多。例如，姓名、性别、身高、体重等，如果把这些信息都表示出来肯定是没有必要的，需要针对不同问题选择合适的属性和表示方式。本问题是要输出每个人的报数，或者敲桌子的行为，这些行为与哪些属性相关呢？应该是与每个人所坐的位置有关。其他属性，比如性别、身高、体重，显然和此游戏无关，因此无须考虑。

既然表示一个人的数据就是该人在游戏圈中所坐的位置，那么在计算机中可以用一个整数来表示。在"敲 7"游戏中，参加游戏的每个人，用该人所在位置（整数）来表示。表示参与者的位置信息，称为数据元素。

定义：数据元素是数据（集合）的一个"个体"，是数据结构中讨论的基本单位，可由若干个数据项组成。可以认为数据项是一个最小数据单位。

1.3.2　数据的逻辑结构

思考一个问题，在"敲 7"游戏中表示游戏参与者的这些数据之间的关系是什么？这个关系就是数据结构中的逻辑结构。

在"敲 7"游戏中按照座位顺序递增报数，它们之间就是一个先后的顺序关系，中间不允许跳跃或者交叉。一旦在座位上坐好，参与者之间的顺序关系就相对固定，不会发生改变，除非有人出错或出局。如果有人出局，则出局者的前驱者和后继者之间建立了一个新的顺序关系。

像"敲 7"游戏这类参与者排队的数学模型中，计算机处理对象之间通常存在一种前后的顺序关系，也是一种最简单的线性关系，这类数学模型可称为线性结构，如图 1.3 所示。

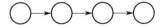

图 1.3
线性结构

定义：数据的逻辑结构是相互之间存在着某种逻辑关系的数据元素的集合。

除了线性结构，数据的逻辑结构还有以下三种，如图 1.4 所示。

（1）树形结构。在树形结构中，一个数据元素的后面可以有多个后继，但它只有一个前驱。

（2）图状结构或网状结构。数据元素之间存在多个对多个的关系。

（3）集合。在集合中，一些孤立的数据元素之间没有其他相互关系。

关于树形结构和图状结构的相关内容，在本书的后面章节会有介绍。

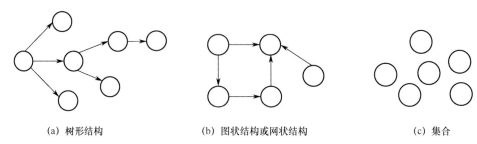

(a) 树形结构　　　　　　　(b) 图状结构或网状结构　　　　　(c) 集合

图 1.4
三种不同的逻辑结构

1.3.3　数据的存储结构

数据的逻辑关系在计算机中通过两种不同的映象方法来表示，即顺序映象和非顺序映象。由此得到两种不同的存储结构：顺序存储结构和链式存储结构。顺序存储的特点是借助元素在存储器中的相对位置来表示数据元素之间的逻辑关系。例如，"敲 7"游戏中，把游戏参与者对应的数据元素顺序存储在计算机中，用存储位置的先后来表示这些参与者的顺序关系。

顺序存储结构如图 1.5 所示，也称为顺序表。

a_1	a_2	...	a_i	...	a_n

图 1.5
顺序存储结构

由图 1.5 可以看出，在顺序存储中，a_1 放在第 1 个位置上，它后面是 $a_2, \cdots a_n$。所以数据元素的物理顺序和逻辑顺序是一致的。

链式存储结构的定义：在表示数据元素的同时，再增加一个地址数据，用来存储下一个数据元素在计算机中的存储地址。即在表示一个数据元素时，实际上是用了两个信息，一个是它自身的数据信息，另外一个是地址的信息，这个地址是用来存放它在逻辑上的下一个数据。例如，图 1.6 就是一个链式存储结构。

存储地址	数据域	指针域
1	LI	43
7	QIAN	13
13	SUN	1
19	WANG	NULL
25	WU	37
31	ZHAO	7
37	ZHENG	19
43	ZHOU	25

图 1.6
链式存储结构

在图 1.6 中，假设第 1 个元素 ZHAO 的存储地址是 31，即第 1 个元素的存储位置是 31，在这里用一个变量 H（指针）来表示它。

链式存储结构表示如下含义：头指针 H 的位置指向的是 31，表示第 1 个元素 ZHAO 的存储位置是 31，指针域 7 就是一个地址信息，表示 ZHAO 的下一个数据的存储位置是 7，即 QIAN 的存储位置。以此类推，可以依次找到 SUN、LI 等数据。数据 WANG 的指针域为 NULL，表示在 WANG 后面没有数据了。通常，把链式存储结构表示为如图 1.7 所示的形式。

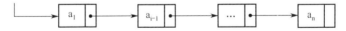

图 1.7
链式存储结构的形式

1.3.4　线性表的删除

在"敲 7"游戏中，如果有人出错，即轮到他报数的时候，恰好含有 7 或 7 的倍数，那么此时他应该敲桌子，如果他没有敲桌子，而是报数，那么就说明该人出错了。

a_1，a_2 到 a_{i-1}，a_i，a_{i+1} 代表了"敲 7"游戏的玩家，如果 a_i 现在出错，此时，出错者就需要退出游戏，游戏参与者之间的顺序关系就发生了改变。例如，从顺序存储的角度来讲，如果 a_i 此时出错，那么它前面的 a_{i-1} 的新的后继就变成了 a_{i+1}，其存储位置需要发生改变，改变的情况如图 1.8 所示。

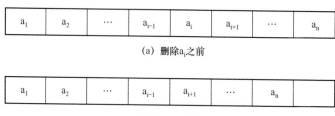

图 1.8
顺序存储中删除 a_i 示意图

从图 1.8（b）中可以看出，从 a_{i+1} 到 a_n 全部往前移动了一个位置。为什么呢？因为在顺序存储中有一个基本要求，中间不允许有空缺的位置，数据必须按次序存放，如果中间有数据被删除了，那么后面的数据必须往前移动递补。

如果这些数据是采用链式存储方式，那么应该如何改变？如图 1.9 所示，只需修改数据元素 a_{i-1} 中存储的下一个元素的存储地址即可。通过指针，直接将 a_{i-1} 的指针指向 a_{i+1}，绕过 a_i，然后在下一步就可以直接把 a_i 节点删除。这样就完成了删除 a_i 的操作。

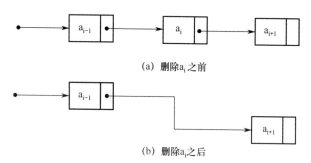

图 1.9
链式存储中删除 a_i 示意图

由此可见，在此情况下使用链式存储结构，操作更简单，修改指针即可。

在"敲 7"游戏中，所有参与者是在循环参与游戏的。如果采用指针结构，用最后一个节点 a_n 的指针指向 a_1，就构成了一个循环单链表。循环单链表如图 1.10 所示。

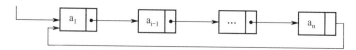

图 1.10
循环单链表

1.3.5 "敲 7"游戏的算法设计

首先,"敲 7"游戏需要有一个结束条件。这里设定的结束条件是某一个最大值 MAX,也就是说,游戏参与者从 1 开始报数,当累计报数达到了最大值 MAX 时,游戏结束。这也是算法有穷性特性的要求。

游戏从某一位置的人开始,其报数为 1,然后进入到循环和判断处理。首先要判断:此人的报数是否是 7 的倍数,或者是否含有数字 7,根据判断确定是敲桌子动作,还是报数。其次要判断:游戏参与者的报数是否达到设定的最大值,以决定游戏是否继续进行。"敲 7"游戏程序流程图如图 1.11 所示。

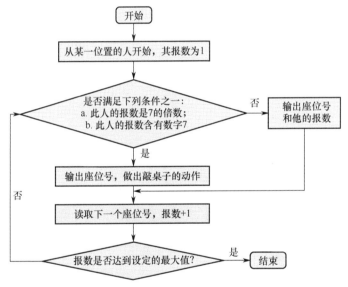

图 1.11
"敲 7"游戏程序流程图

在玩"敲 7"游戏的时候,经常会出现有人出错的情况,即该敲桌子的时候却报出了数字。这时,这个出错者就要被惩罚出局,游戏重新开始。出现这种情况,计算机应该怎么样处理呢? 注,其他出错情况不考虑。将图 1.11 进一步改进和细化为图 1.12。

在图 1.12 中,当判断当前的报数符合出错条件(此人的报数是 7 的倍数,或者是含有数字 7)时,按照游戏规则这个人应该出局。算法的具体处理如下:

(1)输出出错人的位置及出错信息。

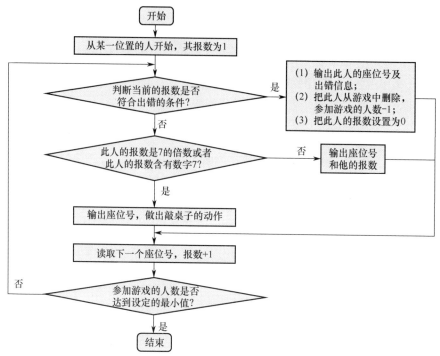

图 1.12

改进的"敲 7"游戏程序流程图

（2）把此人从游戏中删除（注意，参加游戏的人数要减 1）。

（3）将此人的报数设置为 0。因为出错者出局后，下一个人应该继续从 1 开始重新报数。

（4）将结束条件修改为"参加游戏的人数是否达到设定的最小值"。这是因为每次有一个人出局，人数减 1，最后只剩下一个人，游戏结束。

至此，通过"敲 7"游戏，对算法及相关知识有了一个初步的介绍。实际上，在日常学习、生活中，我们会与算法产生密切联系。例如，手机导航，上网所使用的搜索引擎，等等。

1.4 计算机求解问题的基本步骤

计算机求解现实问题的基本步骤大概可以总结为如下 6 点：

（1）确定问题的输入，即已知的内容。

（2）确定问题的输出，即欲求的目标。

（3）选择已知信息的表达方式，即确定数据元素的构成。

（4）确定数据元素之间的关系，即逻辑关系是线性结构，还是树形结构或图状结构。

（5）根据解决问题的策略，选择数据元素的存储方式，即顺序存储还是链式存储，或者是其他方式。

（6）写出问题的解决步骤，即算法。

1.5　总结与思考

在本章，通过手机下载消消乐游戏，引出了算法的概念，即本书的主题。通过对"敲 7"游戏的分析，简单了解了什么是算法，算法的特点；学习了什么是数据元素，数据的逻辑结构，表示数据逻辑关系的两种存储结构，以及计算机如何去解决一个现实问题的基本步骤。

思考题：

1. 发现你身边的算法问题，并用简洁规范的语言描述。

2. 两个相同大小的玻璃杯放入不同量的水，如何调换杯子里的水，描述一下你所用到的算法。

3. 约瑟夫环问题：①编号为 1,2,3,…,n 的 n 个人按顺时针方向围坐一圈，每人手持一个密码（正整数）；②一开始任选一个整数 m 作为报数上限值，从第一人开始顺时针自 1 开始顺序报数，报到 m 时停止报数；③报 m 的人出列，将它的密码作为新的 m 值，从他在顺时针方向的下一个人开始重新从 1 报数，如此下去直到所有人全部出列为止；④给出求解此问题的算法流程图描述。

第 2 章
《三体》在哪里

■ ■ ■

查找是数据处理领域中使用最频繁的一种基本操作，在日常生活中，人们几乎每天都要进行查找工作。例如，在字典中查找某个字的读音和含义。本章主要内容包括：怎样找到《三体》这本书，线性表的定义及表示，查找的定义，计算机查找《三体》这本书的处理过程，以及如何找到"小明"的应用，最后是本章的总结与思考。

2.1　怎样找到《三体》这本书

图书馆中存储了大量图书的信息，部分图书数据如表 2.1 所示，包括图书编号、图书名称、价格、出版日期等。如果现在需要在图书数据中查找名为《三体》的图书信息，并输出这些信息，应该如何解决这个问题呢？

首先需要把图书信息存储起来，包括图书编号、图书名称、价格和出版日期等，然后就可以根据需求查找指定图书的信息，并输出记录的信息。最简单的办法是从头开始逐个查找，只要找到了《三体》这本书，就输出相关信息，这种方法被称为顺序查找法。

表 2.1 部分图书数据

序 号	图 书 编 号	图 书 名 称	价 格	出 版 日 期
1	1059693122	Webpage Design	38.8	2014-02-05
2	1123585727	C Language	22.6	2014-04-29
3	1091709612	Tool Software	16.3	2012-01-15
4	1147500535	Office Software	35.7	2014-06-01
5	1097531958	ASP.NET 4.0	58.7	2012-09-21
6	1181510621	三体	26.5	2008-01-01

在第 1 章绪论中，已经简单介绍了数据元素的概念。在此问题中，一本书的图书编号、图书名称、价格和出版日期等信息，就构成了关于图书的数据元素。不同的图书对应了不同的数据元素，根据已有知识可知，图书的存放是按照某种条件（例如，图书的类别、名称、作者或出版社等）顺序存放，即它们所对应的数据元素之间也是一种前后顺序的关系。数据元素之间的这种顺序关系称为线性结构，所有图书所对应的数据元素构成的线性结构称为线性表。

再举一例，如何选择在影院看电影？首先在淘票票 App 中选择想要看的电影，比如《阿飞正传》，然后单击"选座购票"按钮就会出现可以观影的影院，根据提供的信息（如好评度、距离、舒适度等），选择想去的影院，如图 2.1 所示。《阿飞正传》就是我们要查找的数据元素，淘票票 App 内存储的各个影院的信息就是线性表的内容。

图 2.1
选择影院的过程

在日常生活、工作中，查找是经常性操作。例如，商店会根据消费者的消费情况，把消费者分为钻石会员、铂金会员、普通会员等，会员等级不同，到商店购物的折扣是不同的，可以根据会员等级的不同对具体某个会员进行查找。还有查字典（词典），首先要知道待查的字（词）的偏旁部首或首字母，再按照字（词）的另一部分，在检索页中找到对应的字（词），进而确定字（词）所在的位置，完成查找。

2.2　线性表的定义及表示

线性表是一种简单的线性结构。

线性结构的基本特征：一个数据元素的有序（次序）集合。

一个非空线性表必须满足以下条件：

（1）集合中须存在唯一的一个"第一个元素"，通常称为首元。

（2）集合中须存在唯一的一个"最后元素"。

（3）除最后元素外，其他元素均有唯一的后继。

（4）除第一个元素外，其他元素均有唯一的前驱。

2.2.1　类型定义

抽象数据类型线性表的定义如下：

```
ADT List {
数据对象:
D={a_i|a_i∈ElemSet,i=1,2,…,n,n≥0}
{称 n 为线性表的表长；n=0 时，表示线性表为空表。}
数据关系:
R={<a_{i-1},a_i>|a_{i-1},a_i∈D,i=2,…,n}
基本操作:
各种操作
} ADT List
```

简言之，一个线性表是 n 个数据元素$(a_1,a_2,…,a_n)$的有限序列，i 称为 a_i 在线性表中的位序。

这里"有限序列"有如下两重含义：

（1）线性表的数据个数是有限的；

（2）一个序列表示 a_1 到 a_n 数据元素的位置是相对固定的。如果它们的相对位置发生了变化，就变成了另外一个线性表。

主要操作：

初始化操作：
```
InitList(&L)
```
操作结果：构造一个空的线性表 L。
引用型操作：
```
ListEmpty(L)
```
初始条件：线性表 L 已存在。
操作结果：若 L 为空表，则返回 TRUE，否则返回 FALSE。
```
ListLength(L)
```
初始条件：线性表 L 已存在。
操作结果：返回 L 中数据元素个数。
```
GetElem(L,i,&e)
```
初始条件：线性表 L 已存在且 $1{\leqslant}i{\leqslant}$ListLength(L)。
操作结果：用 e 返回 L 中第 i 个数据元素的值。
```
LocateElem(L,e,compare( ))
```
初始条件：线性表 L 已存在，e 为给定值，compare( ) 是数据元素判定函数。
操作结果：返回 L 中第 1 个与 e 满足关系 compare( ) 的数据元素的位序。若这样的数据元素不存在，则返回值为 0。

加工型操作：

```
ClearList(&L)
```
初始条件：线性表 L 已存在。
操作结果：将 L 重置为空表。
```
ListInsert(&L,i,e)
```
初始条件：线性表 L 已存在且 $1{\leqslant}i{\leqslant}$ListLength(L)+1。
操作结果：在 L 的第 i 个数据元素之前插入新的数据元素 e，L 的长度加 1。
```
ListDelete(&L,i,&e)
```
初始条件：线性表 L 存在且非空 $1{\leqslant}i{\leqslant}$LengthList(L)。
操作结果：删除 L 的第 i 个数据元素，并用 e 返回其值，L 的长度减 1。

例 2-1：假设有两个集合 A 和 B 分别用两个线性表 La 和 Lb 表示，线性表中的数据元素即为集合中的成员。求一个新的集合 $A=A{\cup}B$。

上述问题可演绎如下：要求对线性表进行如下操作，扩大线性表 La，将存在于线性表 Lb 而不存在于 La 中的数据元素插入到线性表 La 中。

问题分析：

（1）从线性表 Lb 中依次选出每个数据元素。

    GetElem(Lb,i,e)

（2）将 Lb 中选出的数据元素 e，依值在线性表 La 中进行查访。

    LocateElem(La,e,equal)

（3）若不存在，则插入之。

    ListInsert(La,n+1,e)

算法流程图如图 2.2 所示。

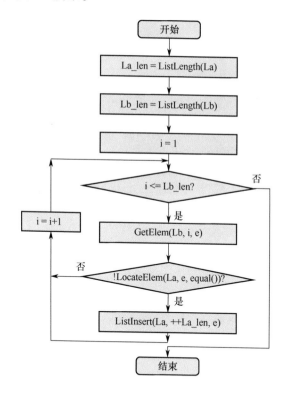

图 2.2

算法流程图

程序代码如下所示。

```
void union(List &La, List Lb) {
    La_len = ListLength(La);  //求线性表的长度
    Lb_len = ListLength(Lb);
    for (i = 1;  i <= Lb_len;  i++) {
```

```
        GetElem(Lb, i, e); //取线性表 Lb 中第 i 个数据元素赋给 e
        if (!LocateElem(La, e, equal( )) )
          ListInsert(La, ++La_len, e);
          //线性表 La 中不存在与 e 相同的数据元素，则插入之
      }
} //union
```

有序表定义：若线性表中的数据元素可以相互比较，并且数据元素在线性表中按值非递减或非递增有序排列，即 $a_i \geq a_{i-1}$ 或 $a_i \leq a_{i-1}(i=2,3,\cdots,n)$，则该线性表称为有序表（Ordered List）。

例 2-2：已知线性表 La 和 Lb 中的数据元素按值递增有序排列，现要求将 La 和 Lb 合并为一个新的线性表 Lc，且 Lc 中的数据元素仍按值递增有序排列。

例如，La=（3，5，8，11），Lb=（2，6，8，9，11，15，20），则 Lc=（2，3，5，6，8，8，9，11，11，15，20）。

例 2-2 与例 2-1 的问题相似，但因为增加了有序处理的要求，使得处理方法发生了一些改变。请思考如何设计算法。如果原来线性表 La 和 Lb 都是递增有序排列的，现要求合并成一个新的线性表 Lc，而 Lc 中的数据元素是递减有序排列的，又该如何处理？

2.2.2　线性表的顺序表示和实现

1. 存储结构

顺序映象是以 x 和 y 的存储位置之间的某种关系来表示它们之间的这种前后顺序的逻辑关系。最简单的一种顺序映象方法是令 y 的存储位置和 x 的存储位置相邻，即用一组地址连续的存储单元，依次存放线性表中的数据元素，如图 2.3 所示。

线性表的起始地址
称为线性表的基地址

图 2.3
线性表的顺序存储结构

图 2.3 中，$a_1,a_2,\cdots,a_n$ 按照顺序依次存放。a_1 的开始位置，称为线性表的起始

地址，也可以称为线性表的基地址。只要知道了 a_1 的开始位置，就可以找到任何一个 a_i 的位置。

$$LOC(a_i) = LOC(a_{i-1}) + C$$

以"存储位置相邻"表示有序对$<a_{i-1}, a_i>$，用 $LOC(a_i)$ 来表示数据元素 a_i 的开始位置。$LOC(a_i)$ 等于 a_{i-1} 的开始位置加上一个常数 C（一个数据元素所占的存储单元数）。当数据元素确定后，则每个数据元素所占的存储单元数也就随之确定。

所有数据元素的存储位置均取决于第一个数据元素的存储位置，即

$$LOC(a_i) = \underline{LOC(a_1)} + (i-1) \times C$$

$$↑基地址$$

2. 函数 ListInsert(&L,i,e)操作在顺序存储的实现

（1）逻辑结构的改变。

当插入数据元素时，线性表的逻辑结构发生了如下改变：

$(a_1, \cdots, a_{i-1}, a_i, \cdots, a_n)$ 变为 $(a_1, \cdots, a_{i-1}, e, a_i, \cdots, a_n)$

其中有序关系由$<a_{i-1}, a_i>$变为$<a_{i-1}, e>$和$<e, a_i>$。

（2）存储结构的改变。

由于顺序存储结构是通过存储位置来表示数据元素之间的逻辑关系的，因此当逻辑关系发生改变时，相应的存储结构也要改变，如图 2.4 所示。原先存放 a_i 的位置变成存放插入的数据元素 e，从 a_i 到 a_n 的存放位置全部后移一位，同时线性表的长度加 1。

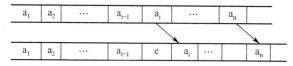

图 2.4
顺序存储插入数据元素的存储结构

（3）时间复杂度的分析。

如前所述，当在第 *i* 个数据元素前插入一个数据元素 e 时，需要完成从 a_i 到 a_n 的后移，移动数据元素个数为 *n*-*i*+1。

考虑移动数据元素的平均情况：

假设在第 i 个数据元素之前插入的概率为 p_i，则在长度为 n 的线性表中插入一个元素所需移动数据元素次数的期望值为

$$E_{\text{is}} = \sum_{i=1}^{n+1} p_i(n-i+1)$$

其中，p_i 表示在第 i 个位置被插入的概率，$n-i+1$ 表示在第 i 个位置插入数据元素后需要移动的数据元素个数。假设在线性表中任何一个位置插入数据元素的概率都相等，即 $p_i = \dfrac{1}{n+1}$，则移动数据元素的期望值为

$$E_{\text{is}} = \sum_{i=1}^{n+1} p_i(n-i+1) = \frac{1}{n+1}\sum_{i=1}^{n+1}(n-i+1) = \frac{n}{2}$$

即在顺序存储结构中，在第 i 个位置插入一个新的数据元素时，平均移动次数为 $\dfrac{n}{2}$。

3. 函数 ListDelete(&L,i,&e)操作在顺序存储的实现

（1）逻辑结构的改变。

当删除数据元素时，线性表的逻辑结构发生了如下改变：

$(a_1,\cdots,a_{i-1},a_i,a_{i+1},\cdots,a_n)$ 变为 $(a_1,\cdots,a_{i-1},a_{i+1},\cdots,a_n)$

其中有序关系由 $<a_{i-1},a_i>$ 和 $<a_i,a_{i+1}>$ 变为 $<a_{i-1},a_{i+1}>$。

（2）存储结构的改变。

由于顺序存储结构不允许中间有空位置，因此当删除 a_i 后，其后继数据元素 a_{i+1} 到 a_n 均要往前移动相应位置，相应的存储结构如图 2.5 所示，同时线性表的长度减 1。

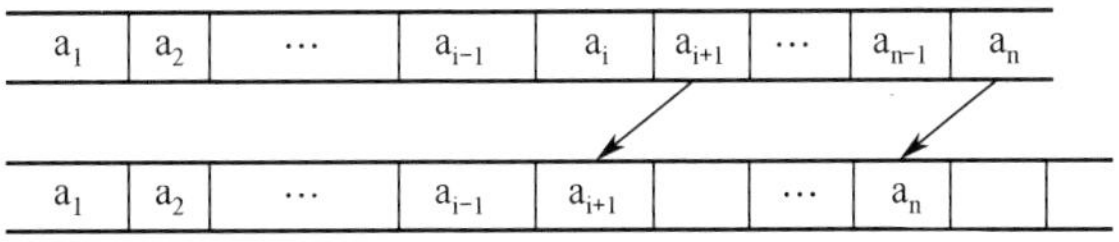

图 2.5
顺序存储删除数据元素的存储结构

（3）时间复杂度的分析。

删除第 i 个数据元素时，从第 (i+1 ~ n) 个数据元素，都要向前移动一个数据元素的位置，移动次数为 $n-i$。

考虑移动数据元素的平均情况：

假设删除第 i 个数据元素的概率为 q_i，则在长度为 n 的线性表中删除一个数据元素所需移动数据元素次数的期望值为

$$E_{\mathrm{dl}} = \sum_{i=1}^{n} q_i(n-i)$$

其中，q_i 表示在第 i 个位置被删除的概率，$n-i$ 表示在第 i 个位置删除数据元素后需要移动的次数。假设在线性表中任何一个位置删除数据元素的概率都相等，即 $q_i = \dfrac{1}{n}$，则移动数据元素的期望值为

$$E_{\mathrm{dl}} = \sum_{i=1}^{n} q_i(n-i) = \frac{1}{n}\sum_{i=1}^{n}(n-i) = \frac{n-1}{2}$$

即在顺序存储结构中，删除第 i 个数据元素时，平均移动次数为 $\dfrac{n-1}{2}$。

结论：当 n 值较大时，如果线性表采用顺序结构存储，无论是插入还是删除，都需要移动大量的数据，时间复杂度都是 $O(n)$。

2.2.3 线性链表

1. 存储结构

用一组地址任意的存储单元存放线性表中的数据元素（这组存储单元可以是连续的，也可以是不连续的），对每个数据元素 a_i 来说，除了存储其本身的信息，还增加了一个指向其后继元素位置的指针。这两部分信息组成数据元素 a_i 的存储映象，称为节点。它包括两个域：存储数据元素信息的数据域和存储指示后继存储位置的指针域。节点可以表示如下：

节点 = 数据域（数据元素的映象）+ 指针域（指示后继元素存储位置）

链表定义：以"节点的序列"表示线性表称为链表。

线性链表定义：如果一个链表的每个节点中只包含一个指针域，那么此链表称为线性链表或单链表，如图 2.6 所示。

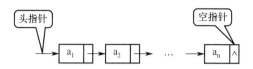

图 2.6
线性链表

以线性表中的第一个数据元素 a_1 的存储地址作为线性链表的地址，称为线性链表的头指针，即用第一个数据元素的位置表示头指针。由于最后一个节点没有后继元素，所以它的指针域为"空"（NULL）。

有时为了操作方便，在第一个节点之前虚加一个"头节点"，如图 2.7 所示。此时的头指针为指向头节点的指针。头节点的数据域可以为空，也可以存储（如线性表长度等）附加信息。

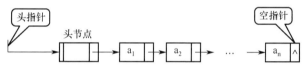

图 2.7
带头节点的线性链表

通常把这样的链表称为带头节点的链表。如果线性链表是空的，那么整个线性表就只有一个头节点，此时的线性链表如图 2.8 所示。

图 2.8
空的线性链表

如果用 C 语言来描述线性链表的节点和链表，其定义方式如下所示。

```
Typedef struct LNode {
    ElemType    data;     //数据域
    struct LNode   *next; //指针域
} LNode, *LinkList;
LinkList  L; //L为单链表的头指针，它指向表中第一个节点
```

节点的定义包括两部分，一个是它的数据域，另一个是指针域。LinkList 是对链表的定义，L 表示单链表的头指针，它指向链表的第一个节点，只要知道了头指针，就可以找到链表中任何一个节点。

2. 函数 GetElem(L,i,&e)在线性链表中的实现

函数 GetElem(L,i,&e) 实现在单链表中查找线性表第 i 个数据元素的操作。线性链表的查找操作如图 2.9 所示。图 2.9(a)是一个链表，头指针为 L，有两个变量，一个是指针 p（初值为 L），另一个是变量 j（初值为 1），表示指针 p 指向链表中第 j 个数据元素，两者同步变换，随指针移动。图 2.9(b)中，p 指向第 2 个节点，j 变成 2。图 2.9(c)中 p 指向第 3 个节点，j 变成 3。以此类推，当 j=i 时，p 就指向了第 i 个节点。

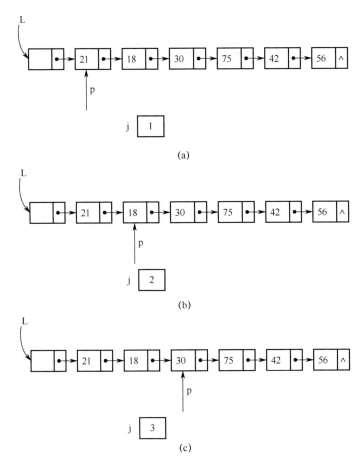

图 2.9
线性链表的查找操作

当以链表作为线性表的存储结构时，函数 GetElem(L,i,&e)只能按照链表的节点顺序进行查找。查找第 i 个数据元素，必须先找到第 i-1 个数据元素的节点。因此其基本操作如下：移动指针 p，比较 j 和 i。函数 GetElem(L,i,&e)的算法流程图如图 2.10 所示。

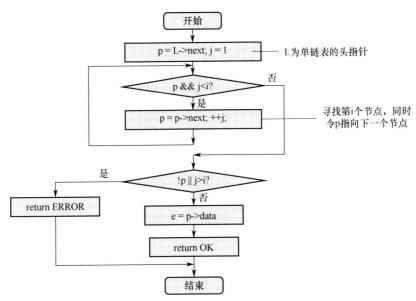

图 2.10
函数 GetElem(L,i,&e)的算法流程图

函数 GetElem(L,i,&e)的算法设计对应的程序代码如下所示。

```
Status GetElem_L(LinkList L, int i, ElemType &e)
//L 是带头节点的链表的头指针，以 e 返回第 i 个数据元素
{ p = L->next; j = 1;  //p 指向第一个节点，j 为计数器
while (p&&j<i) { p = p->next; ++j; }//顺指针向后查找，直到 p 指向第 i 个
数据元素或 p 为空
if (!p ||j>i)
     return ERROR;  //第 i 个数据元素不存在
e = p->data;          //取得第 i 个数据元素
return OK;
} // GetElem_L
```

注意，开始的 p=L->next，表示 p 被赋初值，指向第一个节点，此时，j 被赋初值为 1，p 和 j 保持同步。

算法的基本操作为比较 j 和 i，以及指针的移动。若查找成功，则移动和比较的次数为 i−1。若查找失败，则移动和比较的次数为链表长度。因此，其时间复杂度为 $O(n)$。

3. 函数 ListInsert(&L,i,e)在线性链表中的实现

（1）逻辑结构的改变。

插入操作改变了原线性表的逻辑关系。在 a_i 之前插入数据元素 e 后，有序对 $<a_{i-1}, a_i>$ 变成了 $<a_{i-1}, e>$ 和 $<e, a_i>$。

（2）存储结构的改变。

线性链表是通过节点中的指针来表示数据元素之间的逻辑关系的，当逻辑关系发生改变时，相应的链表也要发生改变。线性链表的插入操作如图 2.11 所示。图 2.11(a) 表示插入前的逻辑关系，数据元素 e 对应节点（设为 S）准备插入。插入节点 S 的过程分为两步：第 1 步，令节点 S 的指针指向 a_i 对应节点，如图 2.11(b)所示；第 2 步，令 a_{i-1} 对应节点的指针指向节点 S，如图 2.11(c)所示。需要注意的是，这两个指针的修改顺序是不能随便颠倒的。

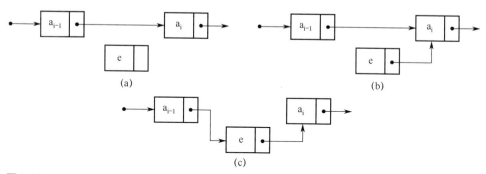

图 2.11
线性链表的插入操作

由此可见，在链表中插入节点只需要修改指针即可。若要在第 i 个节点之前插入数据元素，则需要修改第 i−1 个节点的指针。因此，在线性链表中第 i 个节点之前进行插入的基本操作如下：首先找到线性表中第 i−1 个节点，然后进行修改指针的操作。

（3）算法设计。

线性链表的插入操作的算法流程图如图 2.12 所示。整个过程分为两个部分：

前半部分完成对第 i–1 个数据元素的查找；后半部分按照前面介绍的方法实现对数据元素 e 的插入操作。

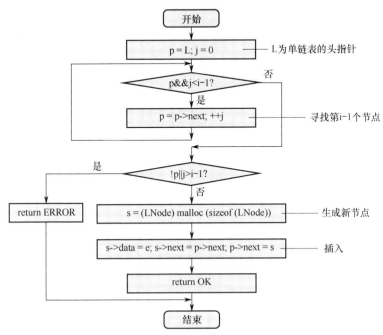

图 2.12
线性链表的插入操作的算法流程图

线性链表的插入操作的算法设计对应的程序代码如下所示。

```
Status ListInsert_L(LinkList &L, int i, ElemType&e) {
    //L 是带头节点的单链表的头指针，是本算法在链表中第 i 个节点
    //之前插入新的数据元素 e
    p = L;    j = 0;
    while (p && j < i-1)
        { p = p->next;  ++j; }          //寻找第 i-1 个节点
    if (!p || j > i-1) return ERROR;    //i 大于表长或者小于 1
    s = (LNode) malloc ( sizeof (LNode));  //生成新节点
    s->data = e;
    s->next = p->next;    p->next = s;    //插入
    ++L.length;  //表长增 1
    return OK;
} //ListInsert_L
```

从上面的程序代码描述可知，在第 i 个节点之前插入一个新节点，必须先找到第 i–1 个节点，因此算法时间复杂度也为 $O(n)$。如果事先已知插入位置，则

可直接进行插入操作，此时的时间复杂度为 $O(1)$（一个常数，表示不随 n 的变化而变化）。

4．函数 ListDelete (&L,i,&e)在线性链表中的实现

（1）逻辑结构的改变。

删除操作也改变了原线性表的逻辑关系。假设删除第 i 个数据元素，则删除后，有序对$<a_{i-1}, a_i>$ 和 $<a_i, a_{i+1}>$ 改变为 $<a_{i-1}, a_{i+1}>$。

（2）存储结构的改变。

线性链表的删除操作如图 2.13 所示。图 2.13(a)表示删除之前的链表结构，节点 a_{i-1} 的指针指向节点 a_i，节点 a_i 的指针指向 a_{i+1}。图 2.13(b)表示删除之后的链表结构，节点 a_{i-1} 的指针指向了节点 a_{i+1}，同时删除了节点 a_i。

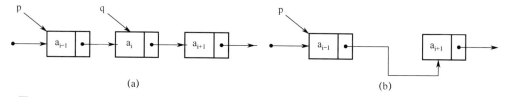

图 2.13
线性链表的删除操作

（3）算法设计。

线性链表的删除操作的算法流程图如图 2.14 所示。与插入操作类似，整个过程分为两部分：前半部分完成对节点 a_{i-1} 的查找；后半部分实现对 a_i 的删除操作。

线性链表的删除操作的算法设计对应的程序代码如下所示。

```
Status ListDelete_L(LinkList &L,int i, ElemType &e) {
    //删除以 L 为头指针(带头节点)的单链表中第 i 个节点
    p = L; j = 0;
    while (p->next && j < i-1) { p = p->next; ++j; }
                //寻找第 i 个节点，并令 p 指向其前驱
    if (!(p->next)||j > i-1)
        return ERROR;  //删除位置不合理
    q = p->next; p->next = q->next; //删除并释放节点
    e = q->data;  free(q);
    --L.length;  //表长减 1
```

```
    return OK;
} // ListDelete_L
```

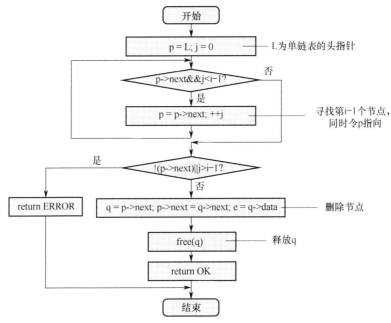

图 2.14
线性链表的删除操作的算法流程图

　　与插入算法一样，要删除第 i 个节点，也必须先找到第 i-1 个节点。因此，删除算法的时间复杂度与插入算法一致。

2.2.4　循环链表

　　循环链表是另一种形式的链式存储结构，即链表中最后一个节点的指针域的指针又指向第一个节点的链表。

　　如图 2.15 所示，循环单链表中最后一个节点的指针指向了第一个节点，此单链表是带头节点的，因此指向头节点，而单链表中最后一个节点的指针为空指针。

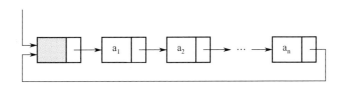

图 2.15
循环单链表

在循环链表中，判断最后一个节点的条件不再是"后继是否为空"，而是"后继是否为头节点"。循环链表中其他的操作处理与线性链表基本一致。

2.3 查找的定义

2.3.1 概念与术语

查找表定义：由同一类型的数据元素（或记录）构成的集合。

对查找表经常进行的操作有以下 4 种：

（1）查询某个"特定的"数据元素是否在查找表中；

（2）检索某个"特定的"数据元素的各种属性；

（3）在查找表中插入一个数据元素；

（4）从查找表中删除某个数据元素。

查找表可以分为以下两类。

静态查找表：仅作为查询和检索操作的查找表。

动态查找表：有时在查询之后，还需要将查询结果为"不在查找表中"的数据元素插入到查找表中。或者，从查找表中删除查询结果为"在查找表中"的数据元素。例如，手机通讯录和微信通讯录都属于动态查找表。

在本章只介绍静态查找表的相关知识。动态查找表将在第 8 章进行介绍。

关键字定义：数据元素（或记录）中某个数据项的值，用以标识（识别）一个数据元素。若此关键字可以识别唯一的一个记录，则称为"主关键字"；若此关键字能识别若干个记录，则称为"次关键字"。

例如，每名学生进入学校后都会分配一个学号，该学号与该学生是一一对应的，那么这个学号就是学生信息的主关键字。而学生的姓名则可以认为是一个次关键字，因为一个名字可能对应多名学生。所以在软件开发过程中，当在数据库中定义一个对象时，往往都给这个对象定义一个编号。

查找定义：根据给定的某个值，在查找表中确定一个关键字等于该给定值的数据元素（或记录）。若查找表中存在这样一个记录，则称查找成功，查找结果给出整个记录的信息，或指示该记录在查找表中的位置；否则称查找失败，查找结果给出"空记录"或"空指针"。

对静态查找表而言，主要有两种查找方式，一是顺序表的查找，二是有序表的查找。

2.3.2　顺序表的查找

若以顺序表或线性链表表示静态查找表，则它的查找过程可以用顺序查找来实现。

假设静态查找表的顺序存储结构如下所示。

```
typedef  struct {
    ElemType *elem;    //数据元素存储空间基址
                       //建表时按实际长度分配，0 号单元留空
    int   length;      //表的长度
} SSTable;
```

1．顺序表的查找

顺序表如图 2.16 所示，假设给定值 e=64，要求 ST.elem[k] = e，那么 k 是多少？

ST. elem

	21	37	88	19	92	05	64	56	80	75	13	
0	1	2	3	4	5	6	7	8	9	10	11	

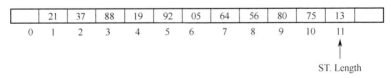

ST. Length

图 2.16
顺序表

顺序表的查找过程如图 2.17 所示。变量 k 的初值为 1，即从第一个数据元素开始查找，每次查找 k 值加 1，依次比较查找表中的数据元素，当 ST.elem[k]=64 时，变量 k=7。

顺序查找算法的流程图如图 2.18 所示。

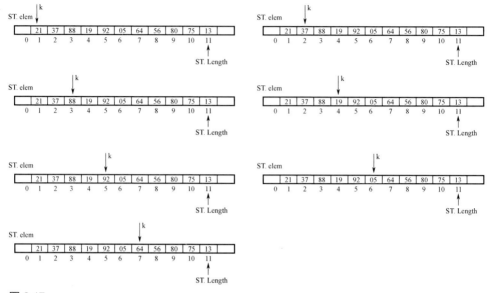

图 2.17

顺序表的查找过程

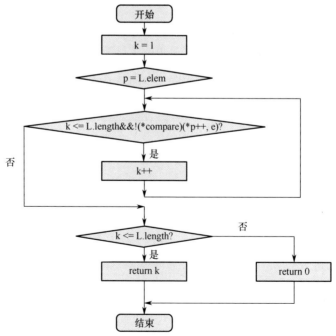

图 2.18

顺序查找算法的流程图

顺序查找的算法设计对应的程序代码如下所示。

```
int location( SqList L, ElemType& e,
         Status (*compare)(ElemType, ElemType)) {
  k=1;
  p= L.elem;
  while(k<=L.length && !(*compare)(*p++,e)) k++;
  if ( k<= L.length)  return k;
  else  return 0;
} //location
```

2. 改进的顺序表查找

如图 2.19(a)所示，顺序表的存储结构与图 2.16 完全相同。同样，假设给定值 e=64，要求 ST.elem[k]=e，那么 i 是多少？ 与图 2.17 查找过程不同的是，第一步 先把关键字 64 存放到 0 号单元里，然后从后向前开始查找。变量 i 的初值为 ST.Length，即从最后一个数据元素开始查找，每次查找 i 值减 1，依次比较查找 表中的数据元素，当 ST.elem[i]=64 时，变量 i=7，如图 2.19(b)所示，这是查找成 功的情形，此时返回值 i 为关键字 64 在顺序表中的存储位置。

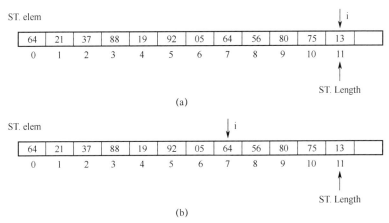

图 2.19
改进的顺序表查找

查找关键字 60 的过程如图 2.20 所示。同理，第一步先把关键字 60 存放到 0 号单元里，变量 i 的初值为 ST.Length，即从最后一个数据元素开始查找，每次 查找 i 值减 1，依次比较查找表中的数据元素，当 ST.elem[i]=60 时，变量 i=0，说明关键字 60 不在原先的顺序表中，查找失败，此时返回值 i 的值为 0。

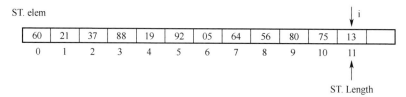

图 2.20
查找关键字 60 的过程

从表中最后一个记录开始，逐个进行比较，若某个记录的关键字和给定值相等，则查找成功，即可找到所查记录；若查找至第一个记录，关键字和给定值仍不相等，则查找失败。

改进的顺序查找算法的程序代码如下所示。

```
int Search_Seq(SSTable ST, KeyType key) {
    //在顺序表 ST 中顺序查找其关键字等于查找 key 的数据元素
    //若找到，则函数值为该数据元素在表中的位置，否则为 0
    ST.elem[0].key = key;      // "监视哨"
    for (i=ST.length; ST.elem[i].key!=key; --i);
                        //从后往前查找，当找不到时，i 为 0
    return i;
} // Search_Seq
```

在上述程序中，语句 ST.elem[0].key=key 的作用是将 0 号单元设置为"监视哨"，其作用是，在从后往前的查找过程中，不需要判断是否到达了最后一个节点，因为要查找的关键字被存放在第 0 号单元里，肯定能找到关键字相等的节点。因此，算法中判定时间会缩短。

3. 顺序查找的时间性能分析

查找算法的平均查找长度（Average Search Length，ASL）为确定记录在查找表中的位置，需要与给定值进行比较的关键字个数的期望值。

$$ASL = \sum_{i=1}^{n} P_i C_i$$

其中，n 为表长，P_i 为查找表中查找第 i 个记录的概率且 $\sum P_i = 1$，C_i 为找到该记录时与给定值比较的关键字个数。

对顺序表而言，$C_i=n-i+1$，所以，

$$\text{ASL} = nP_1 + (n-1)P_2 + \cdots + 2P_{n-1} + P_n$$

在等概率查找的情况下，$P_i = \dfrac{1}{n}$，顺序查找的平均查找长度为

$$\text{ASL}_{ss} = \frac{1}{n}\sum_{i=1}^{n}(n-i+1) = \frac{n+1}{2}$$

可以看出，在等概率查找的情况下，顺序查找方法的效率比较低。但它也有一个优势，就是对数据是否有序没有要求。

2.3.3　有序表的查找

虽然顺序查找表的查找算法较为简单，但平均查找长度较长，特别不适用于表长过长的查找表。有序表是指数据已经按照大小顺序排好的查找表。若以有序表表示静态查找表，则查找过程可以"折半"进行。

1. 折半查找的基本思想

采用折半查找的方法在有序表中查找关键字 64，具体查找过程如图 2.21 所示。首先定义三个变量 low、high 和 mid，low 表示查找范围的下限，初值为 1，high 表示查找范围的上限，初值为 ST.Length，mid 的值为 $\dfrac{\text{low} + \text{high}}{2}$，表示查找范围的中间点。图 2.21(a)中 high 的值为 11，mid 的值为 6。

折半查找过程如下：每次将待查关键字 key 与 mid 位置上的关键字进行比较，若 key=ST.elem[mid].key，则查找成功，返回查找信息或 mid 位置信息；若 key>ST.elem[mid].key，根据查找表结构，则应在 mid 位置之后的范围继续查找，此时修改 low=mid+1；若 key<ST.elem[mid].key，则应在 mid 位置之前的范围继续查找，此时修改 high=mid−1。重复此过程，直到 key=ST.elem[mid].key 查找成功，或者 low>high，查找范围不存在了，查找失败。

在图 2.21(a)中，mid 位置上的关键字为 56，小于要查找的关键字 64，若关键字 64 在查找表中，则一定在 mid 位置的右边。如图 2.21(b)所示，修改 low 的值为 mid+1，此时 low 的值为 7。

计算 mid 的值，此时 mid 的值为 9，mid 位置上的关键字为 80，如图 2.21(c)

所示。由于关键字 64 < 80，因此修改 high 的值为 mid−1，此时 high 的值为 8，如图 2.21(d)所示。

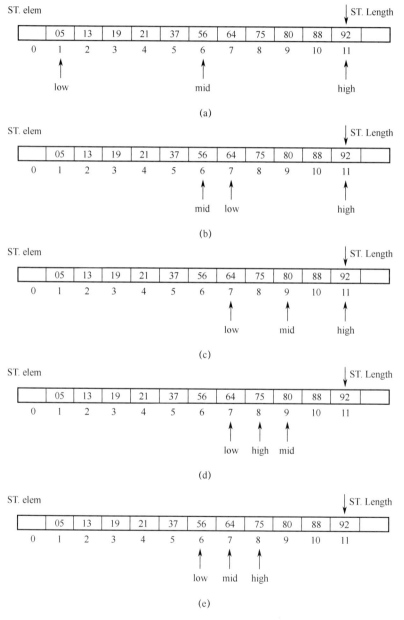

图 2.21
折半查找过程

继续计算 mid 的值，此时 mid 的值为 7，如图 2.21(e)所示，mid 位置上的关键字为 64，查找成功。

2．折半查找的算法

折半查找的过程如下：每次比较，若 key=ST.elem[mid].key，则查找成功。否则，根据比较的结果大小，决定是到前半区还是后半区继续查找。折半查找算法流程图如图 2.22 所示。

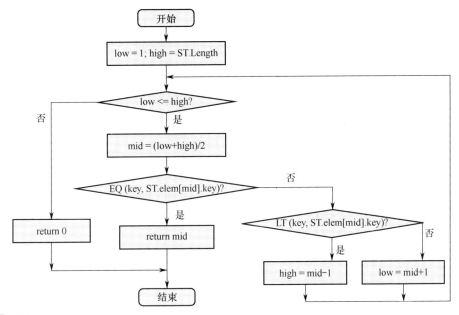

图 2.22
折半查找算法流程图

折半查找算法描述对应的程序代码如下所示。

```
int Search_Bin ( SSTable ST, KeyType key ) {
//在有序表 ST 中折半查找其关键字等于查找 key 的数据元素
//若找到，则函数值为该数据元素在表中的位置，否则为 0
    low = 1; high = ST.Length;     //置区间初值
    while (low <= high) {
     mid = (low + high)/2;
     if ( EQ (key,ST.elem[mid].key) )
        return mid;            //找到待查数据元素
     else if ( LT(key,ST.elem[mid].key) )
```

```
        high = mid - 1;      //到前半区继续查找
      else  low = mid + 1;   //到后半区继续查找
    }
    return 0;                //顺序表中不存在待查数据元素
} // Search_Bin
```

3. 折半查找的平均查找长度

采用折半查找算法查找某个关键字需要比较多少次？以 $n=11$ 为例，low 的初值为 1，high 的初值为 11，则 $\text{mid} = \dfrac{(1+11)}{2} = 6$，所以第一次要与 6 这个位置上的关键字比较。之后，若比这个位置上的关键字小，则到前半区继续查找，若比它大，则到后半区继续查找，所以比较两次的位置有 2 个。以此类推，比较 3 次就可以找到的位置有 4 个，比较 4 次就可以找到的位置可能有 8 个。折半查找的比较次数及对应位置如表 2.2 所示。

表 2.2　折半查找的比较次数及对应位置

i	1	2	3	4	5	6	7	8	9	10	11
C_i	3	4	2	3	4	1	3	4	2	3	4

表中 i 代表位置，C_i 代表查找到此位置需要比较的次数。

折半查找过程可以用一棵判定树来描述，如图 2.23 所示。

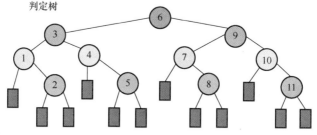

图 2.23
折半查找判定树

在判定树中，节点所在层数代表比较次数。节点序号代表序列中的位置。第 i 层节点数，代表需要比较 i 次找到的数据个数。以此类推，在查找过程中，需要比较 i 次的一共有 2^{i-1} 个位置。

一般情况下，表长为 n 的折半查找的判定树的深度 h 与含有 n 个节点的完全二叉树的深度相同。

折半查找的平均查找长度的近似值如下：

$$\mathrm{ASL}_{bs} = \frac{1}{n}\sum_{i=1}^{n}C_i = \frac{1}{n}\left[\sum_{j=1}^{h}j\times 2^{j-1}\right] = \frac{n+1}{n}\log_2(n+1)-1$$

2.4 如何查找《三体》这本书

2.4.1 问题分析

问题已在本章开始处介绍，想要解决此问题，需要做两个方面的工作。首先是图书的表示及数据存储组织方式。图书信息包括图书编号、图书名称、价格、作者名、出版社及出版日期。其次，根据数据的组织方式，选择一种查找方法，设计相应的查找算法。

2.4.2 算法设计

1. 定义图书信息

图书结构体的具体形式包括图书编号、图书名称、作者名、价格和出版日期，全部图书的信息采用顺序存储方式来存储。

图书结构体的程序代码如下所示。

```
typedef struct book{
    char code[10];    //图书编号
    char bname[50];   //图书名称
    char wname[10];   //作者名
    float price;      //价格
    char date[11];    //出版日期
}Books;
```

2. 查找算法

采用顺序查找"三体"图书的算法流程图，如图 2.24 所示。

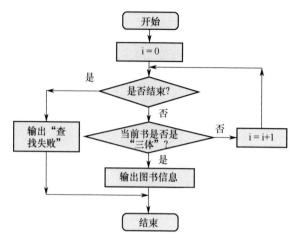

图 2.24

顺序查找"三体"图书的算法流程图

顺序查找"三体"图书的算法描述对应的程序代码如下所示。

```
int Search(Book book[],int n,char key[]){
    int i;    //key[]中存有图书"三体"的编号
    for(i=0;i<n;i++)  //从头开始遍历所有的图书
        if(strcmp(book[i].code,key)==0) //查找成功
            return i;
    return 0;                          //查找失败
}
```

上述算法是一个顺序查找的过程。若图书数据是按照某种顺序有序排列的，则可采用折半查找的方式进行查找，以提高查找效率。

2.5 如何找到"小明"

2.5.1 问题描述

"如何找到'小明'"这个问题类似于在图书馆中查找图书或在手机通讯录中查找某个人的手机号码，这些都是典型的查找应用。

手机通讯录中存放着大量的手机号码，如果想要只输入"小明"并单击搜索，就可以快速地（避免翻看整个通讯录）找到小明的手机号码，那么计算机是如何实现的呢？

2.5.2 问题分析

首先将手机通讯录中的存储信息按照姓名属性进行排序，然后在此有序表中进行折半查找。折半查找手机通讯录的程序流程图如图 2.25 所示。

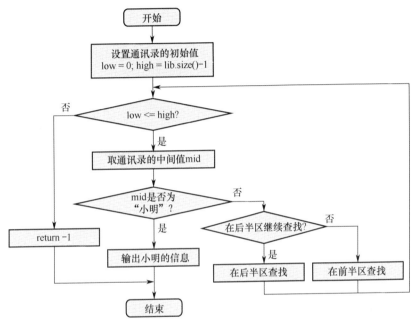

图 2.25
折半查找手机通讯录的程序流程图

2.6 总结与思考

本章通过问题"怎样找到《三体》这本书"引出查找及线性表的概念，对线性表及线性表的存储结构做简单介绍，也介绍了顺序表和有序表的查找方法。通过思考题的讨论，进一步理解和掌握静态查找表的查找方法。

思考题：

1. 举出生活中常见的几种线性结构（至少 5 种），生活中的线性表是否均可以用本章讨论的线性表结构予以表示或模拟？为什么？

2. 查字典时，我们根据字的拼音或者偏旁，只要在目录中找到该字所在的具体页数，就能快速到这一页找到这个字，这种查找方式称为索引查找法。生活中还有哪些类似的索引查找方法？请分析这种方法的优点。

3. 设计一个你所在班级的通讯录。内容包括通讯录结构，查找、增加或删除一名学生的信息。

4. 给出约瑟夫环问题的具体实现算法（数据结构及流程图）。

（说明：第 1 章只要求给出约瑟夫环问题的一个简单的流程图描述。此处要求尝试用具体的存储结构，如顺序方式、单链表或循环链表，在此基础上，给出具体的算法流程图。）

第 3 章
奖学金争先

■ ■ ■

本章主要通过"谁能拿到奖学金"案例来介绍排序的概念,以及常用的排序方法。通过对"荷兰国旗""货物移动"问题的分析及求解,进一步掌握排序知识。

3.1 谁能拿到奖学金

问题描述:某校的惯例是在每个学期的期末考试之后发放奖学金,奖学金共有 5 类,获得奖学金的条件如下:A 类为院士奖学金,奖金为 8000 元,期末平均成绩高于 80 分,并且在本学期内发表一篇或一篇以上论文的学生均可获得;B 类为五四奖学金,奖金为 4000 元,期末平均成绩高于 85 分,并且班级评议成绩高于 80 分的学生均可获得;C 类为成绩优秀奖,奖金为 2000 元,期末平均成绩高于 90 分的学生均可获得;D 类为西部奖学金,奖金为 1000 元,期末平均成绩高于 85 分的西部地区的学生均可获得;E 类为班级贡献奖,奖金为 850 元,班级评议成绩高于 80 分的学生干部均可获得。

奖学金分为 A、B、C、D、E 共 5 类,每类奖学金的获奖人数没有限制,只要符合条件都可以获得，每名学生也可以同时获得多种奖学金。例如，姚林的期末平均成绩为 87 分，班级评议成绩为 82 分，同时他还是学生干部，那么他可以同时获得五四奖学金和班级贡献奖，即奖学金总额为 4850 元。

现给出若干名学生的相关数据，要求计算：

（1）哪三名学生获得的奖学金总额最高？（假设总有学生能满足获得奖学金的条件。）

（2）按获得奖学金总额由高到低的顺序将所有学生重新排序。

这个问题就是一个排序问题。

3.2　常用排序方法介绍

3.2.1　概述

首先，对有关排序的一些概念进行简单的介绍。

什么是排序？排序是计算机内经常进行的一种操作，其目的是将一组无序的记录序列调整为有序的记录序列。例如，将关键字序列 52,49,80,36,14,58,61,23,97,75 调整为 14,23,36,49,52,58,61,75,80,97，此过程就是排序。

定义：假设含 n 个记录的序列为 $\{R_1,R_2,\cdots,R_n\}$，其相应的关键字序列为 $\{K_1,K_2,\cdots,K_n\}$，这些关键字之间可以相互比较，即它们之间存在如下关系：

$$K_{p1} \leqslant K_{p2} \leqslant \cdots \leqslant K_{pn}$$

按此固有关系，将上述记录序列重新排列为 $\{R_{p1},R_{p2},\cdots,R_{pn}\}$，这样的过程或操作称为排序。

内部排序和外部排序：若整个排序过程无须访问外存便能完成，则称此类排序问题为内部排序；反之，若参加排序的记录数量很大，整个排序过程不可能在内存中完成，则称此类排序问题为外部排序。在外部排序过程中，需要在内存和外存之间进行数据交换。

稳定排序和非稳定排序：假设 $K_i=K_j$（$i{\neq}j$），并且在排序前的序列中，R_i 领先于 R_j（$i{<}j$），若在排序后的序列中，R_i 仍然领先于 R_j，则称该排序方法是稳定的，即为稳定排序；反之，若在排序后的序列中 R_j 领先于 R_i，则称该排序方法是非稳

定的，即为非稳定排序。一个排序方法是稳定的还是非稳定的，并不影响整个排序的结果。

通常，在排序过程中需要进行下列两种基本操作：①比较两个关键字的大小；②将记录从一个位置移动至另一个位置。在本章的后续讨论中，设待排序的一组记录以顺序方式存储，记录的关键字均为整数，待排序记录类型定义如下所示。

```
#define MAXSIZE  1000 //待排顺序表最大长度
typedef  int  KeyType;//关键字类型为整型

typedef  struct {
    KeyType    key;          //关键字项
    InfoType  otherinfo;   //其他数据项
} RcdType;                    //记录类型
typedef  struct {
    RcdType  R[MAXSIZE+1]; //r[0]闲置
    int      length;          //顺序表长度
} SqList;                      //顺序表类型
```

3.2.2　直接插入排序

直接插入排序是一种最简单的排序方法，其基本操作是将一个记录插入到已完成排序的有序表中，从而得到一个新的、记录数增 1 的有序表。一趟插入排序算法的基本思想示意图，如图 3.1 所示。

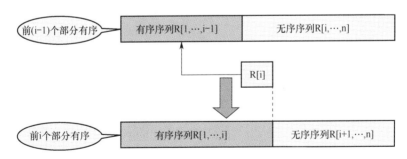

图 3.1
一趟插入排序算法的基本思想示意图

一趟插入排序算法的基本思想是：将整个序列分成两部分，前半部分为有序序列，即 R[1,…,i-1]，后半部分为无序序列。现在要把第 i 个关键字插入到前半部分有序序列中合适的位置。经过查找处理，确定其合适的插入位置，然后将其插入，使得前 i 个关键字部分有序，此时完成第 i 个关键字的插入。这个过程称为一趟插入排序。

实现一趟插入排序，可以分为以下三步：

（1）在 R[1,···,i−1]中查找 R[i]的插入位置 j+1，即

$$R[1,···,j].key \leqslant R[i].key < R[j+1,···,i−1].key$$

（2）将 R[j+1,···,i−1]中的所有记录全部后移一个位置。

（3）将 R[i]插入（复制）到 R[j+1]位置。

直接插入排序就是利用顺序查找实现在 R[1,···,i−1]中查找 R[i]的插入位置。以序列 49,38,65,97,76,13,27,49 为例，其直接插入排序过程如图 3.2 所示。

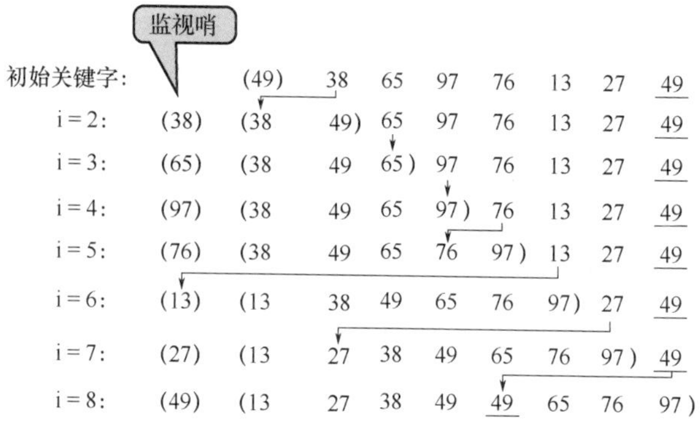

图 3.2
直接插入排序过程

直接插入排序的算法流程图如图 3.3 所示。

对于给定的一组关键字，从第二个关键字开始依次插入，直至插入第 n 个关键字为止。当插入第 i 个关键字时，首先将 L.R[i]放置于 L.R[0]处，然后 j 从 i−1 开始向前依次进行判断。若 L.R[j].key>L.R[0].key，则 L.R[j]后移，同时 j 减 1，继续判断；若 L.R[j].key <L.R[0].key，则 L.R[j+1]为 L.R[i]的正确位置，将 L.R[0]放置于 L.R[j+1]处。其中，L.R[0]为监视哨。

直接插入排序算法的示例代码如下所示。

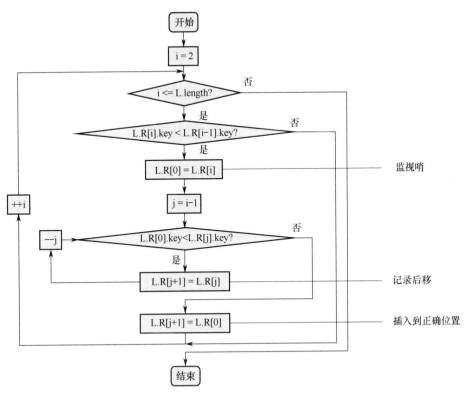

图 3.3
直接插入排序的算法流程图

```
void InsertionSort ( SqList &L ) {//对顺序表 L 进行直接插入排序
    for ( i=2; i<=L.length; ++i )
        if (L.R[i].key < L.R[i-1].key) {
        L.R[0] = L.R[i];              //复制为监视哨
        for ( j=i-1; L.R[0].key < L.R[j].key;  -- j )
            L.R[j+1] = L.R[j];          //记录后移
        L.R[j+1] = L.R[0];            //插入到正确位置
        }
} // InsertSort
```

对直接插入排序进行分析，最好的情况是关键字在记录序列中已经有序了，则插入第 i 个关键字的比较次数为 1，移动次数为 0，所以总的比较次数为最小值，即

$$\sum_{i=2}^{n}1 = n-1$$

此时，总的移动次数为 0。最坏的情况是关键字在记录序列中完全逆序，此时，插入第 i 个关键字的比较次数的最大值为 i，移动次数最大值为 $i+1$，所以总的比较次数为

$$\sum_{i=2}^{n} i = \frac{(n+2)(n-1)}{2}$$

总的移动次数为

$$\sum_{i=2}^{n} (i+1) = \frac{(n+4)(n-1)}{2}$$

因此，在关键字基本有序的情况下，使用直接插入排序插入关键字，其比较次数和移动次数均较少，效率较高。

3.2.3　起泡排序

起泡排序是一种简单的交换排序。首先将第 1 个记录的关键字和第 2 个记录的关键字进行比较，若为逆序（L.R[1].key>L.R[2].key），则将两个记录交换，然后比较第 2 个记录和第 3 个记录的关键字，以此类推，直至第(n-1)个记录的关键字和第 n 个记录的关键字比较结束。上述过程称为第 1 趟起泡排序，其结果使得关键字最大的记录移动到最后一个位置。

第 i 趟起泡排序是指从第 1 个记录的关键字和第 2 个记录的关键字进行比较开始，将相邻的两个记录的关键字依次进行比较，当出现逆序时，将两个记录交换，以此类推，直到第(n-i+1)个记录中关键字最大的记录移动到(n-i+1)位置上，使得后面的记录序列由原来的(i-1)个记录有序变成 i 个记录有序。第 i 趟起泡排序的过程如图 3.4 所示。

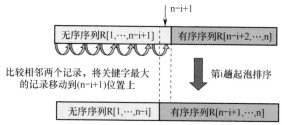

图 3.4
第 i 趟起泡排序的过程

仍以序列 49,38,65,97,76,13,27,49 为例，为了更形象地表述起泡排序，将该序列按从上到下的顺序来写，起泡排序过程如图 3.5 所示。

```
49    38    38    38    38    13    13
38    49    49    49    13    27    27
65    65    65    13    27    38    38
97    76    13    27    49    49
76    13    27    49    49
13 ⇒ 27 ⇒ 49 ⇒ 65 ⇒    ⇒    ⇒
27    49    76
49    97

初    第    第    第    第    第    第
始    1    2    3    4    5    6
关    趟    趟    趟    趟    趟    趟
键    排    排    排    排    排    排
字    序    序    序    序    序    序
      后    后    后    后    后    后
```

图 3.5
起泡排序过程

起泡排序的算法流程图如图 3.6 所示。Swap(L.R[j],L.R[j+1])表示将 L.R[j]和 L.R[j+1]进行交换。变量 lastExchangeIndex 记录在本趟排序中最后进行交换的记录的位置，其初值为 1。若在本趟排序结束后，其值仍为 1，则表明本趟排序无记录交换，即记录的关键字已经有序，整个排序过程可以结束。

起泡排序算法的示例代码如下。

```
void BubbleSort(SqList&L, int n) {
    i = n;
    while (i >1) {
        lastExchangeIndex = 1;
        for (j = 1; j < i;  j++)
            if (L.R[j+1].key < L.R[j].key) {
                Swap(L.R[j], L.R[j+1]);
        lastExchangeIndex = j; //记录进行交换的记录的位置
            } //if
        i = lastExchangeIndex; //本趟最后进行交换的记录的位置
    } // while
} // BubbleSort
```

起泡排序的时间性能分析：最好的情况是记录的关键字都已经有序，只进行一趟比较就结束，而且没有记录移动，即比较次数为 $n-1$，移动次数为 0。最坏的情况是记录的关键字完全逆序，此时需要进行(n-1)趟起泡排序，且每次比较后都需要将 L.R[j]和 L.R[j+1]进行交换，因此这种情况的移动次数与比较次数一致，即比较次数为

$$\sum_{i=n}^{2}(i-1) = \frac{n(n-1)}{2} \ , \ 2 < i < n$$

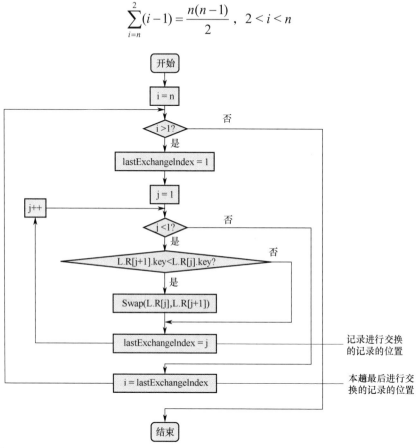

图 3.6
起泡排序的算法流程图

移动次数为

$$3\sum_{i=n}^{2}(i-1) = \frac{3n(n-1)}{2}$$

　　注意，移动次数前面乘以 3，是因为在计算机中当两个数据进行交换时，需要通过 3 次数据移动来实现。因此，在数据基本有序的情况下，起泡排序还是有优势的。

3.2.4 快速排序

顾名思义,快速排序是各种内部排序方法中效率最高的方法之一。其基本思想是:选择一个记录,并将其关键字作为枢轴,通常选取第一个记录的关键字作为枢轴。关键字小于枢轴的记录均移动至该枢轴记录之前,反之,关键字大于枢轴的记录均移动至该枢轴记录之后。这样,经过一趟快速排序处理(也称为一次划分)后,记录被分割为两部分,关键字比枢轴小的记录都在枢轴记录之前,关键字比枢轴大的记录都在枢轴记录之后。

假设待排序记录序列 L.R[s,…,t]经过一次划分后,将记录的无序序列 L.R[s,…,t]分割成两部分:L.R[s,…,i-1]和 L.R[i+1,…,t]。其中, L.R[s,…,i-1]中记录的关键字都小于枢轴,L.R[i+1,…,t]中记录的关键字都大于枢轴,即

$$L.R[j].key \leqslant L.R[i].key \leqslant L.R[p].key$$

$$(s \leqslant j \leqslant i-1) \qquad (i+1 \leqslant p \leqslant t)$$

其中, L.R[i].key 为枢轴。

例如,记录关键字序列为 52, 49, 80, 36, 14, 58, 61, 97, 23, 75,完成一趟快速排序的过程如图 3.7 所示。

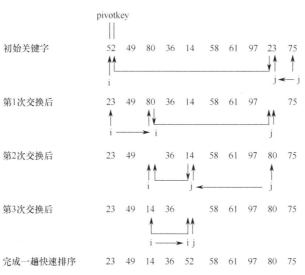

图 3.7
完成一趟快速排序的过程

经过一次划分，关键字序列分割成以枢轴为界的两部分，23,49,14,36,(52),58,61,97,80,75。在调整过程中，定义了两个指针 low 和 high，初值分别为 s 和 t，在排序过程中，high 逐步向前移动，并保证 L.R[high].key≥枢轴，low 逐步向后移动，并保证 L.R[low].key≤枢轴，两者交替进行。当 high=low 时，表示一趟排序结束，此时 low 的位置就是枢轴记录的位置。快速排序一次划分的算法流程图如图 3.8 所示。

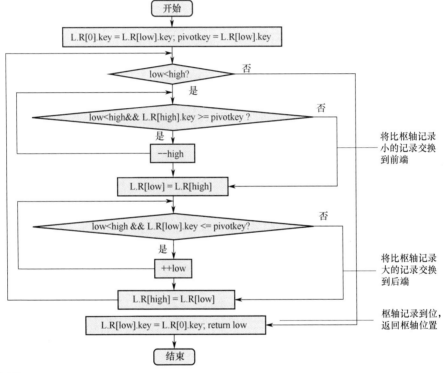

图 3.8

快速排序一次划分的算法流程图

快速排序算法示例代码如下。

```
int Partition (SqList&L, int low, int high) {
    L.R[0].key = L.R[low].key;  pivotkey = L.R[low].key;  //枢轴
    while (low<high) {  //从表的两端交替地向中间扫描
        while(low<high&& L.R[high].key>=pivotkey)
            -- high;      //将比枢轴记录小的记录交换到前端
        L.R[low] = L.R[high];
        while (low<high && L.R[low].key<=pivotkey)
```

```
        ++ low;        //将比枢轴记录大的记录交换到后端
        L.R[high] =L.R[low];
    }
    L.R[low].key = L.R[0].key;
    return low;        //枢轴记录到位,返回枢轴位置
}// Partition
```

在对无序的记录序列进行一次划分后,整个记录以枢轴为界分割成两部分,前半部分的关键字都比枢轴小,后半部分的关键字都比枢轴大。然后对记录序列的前半部分和后半部分重复这个过程,即对其前、后两部分再分别进行快速排序,其过程如图 3.9 所示。

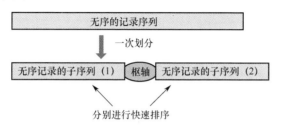

图 3.9
对记录序列前、后两部分分别进行快速排序的过程

完整的快速排序算法的示例代码如下。

```
void QSort (SqList&L, int low, int high ) {
// 对记录序列 L.R[low···high]进行快速排序
    if (low < high){   //长度大于1
        pivotloc = Partition(L.R, low, high);
        //对 L.R[low···high] 进行一次划分,返回枢轴位置 pivotloc
        QSort(L.R, low, pivotloc-1);     //对前半部分序列进行递归排序
        QSort(L.R, pivotloc+1, high); //对后半部分序列进行递归排序
    }
} // QSort
```

从前面对快速排序的介绍可以看出,在经过一次划分后,枢轴记录把整个记录序列分割成前、后两部分,然后对这两部分重复同样的过程,这就是递归算法。关于递归和递归算法,将在本书第 5 章中进行介绍。

3.2.5　简单选择排序

选择排序的基本思想是:每趟排序均在(n–i+1)个记录中选取关键字最小的记

录，作为有序序列中的第 i 个记录，其中 i=1,2,…,n-1。首先选择最小的记录作为第 1 个记录，然后选择次最小的记录移至第 2 个位置，以此类推。简单选择排序是选择排序中较为简单的一种，在某些特殊情况下，它也是一种比较高效的排序方法，其特点是移动次数较少。第 i 趟简单选择排序过程如图 3.10 所示。

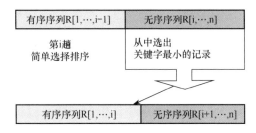

图 3.10
第 i 趟简单选择排序过程

在第 i 趟简单选择排序过程中，从 L.R[i,…,n] 这些无序记录中，选择出关键字最小的记录，并将其移至第 i 个位置，即 L.R[i]。

简单选择排序的算法流程图如图 3.11 所示。

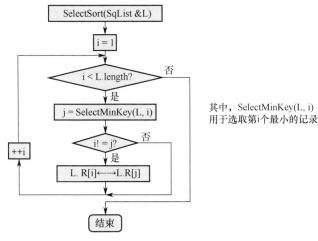

图 3.11
简单选择排序的算法流程图

简单选择排序算法的示例代码如下。

```
void SelectSort (SqList &L ) {
    //对顺序表 &L 进行简单选择排序
    for (i=1; i<L.length; ++i) {    //选择第 i 个小的记录，并交换到位
```

```
        j = SelectMinKey(L, i);
            //在 L.R[i··· L.length] 中选择关键字最小的记录
    if (i!=j) L.R[i]←→L.R [j];   //与第 i 个记录交换，移动次数最小值为 0，
                                            最大值为 3(n-1)
                    }
} // SelectSort
```

简单选择排序的时间性能分析：从算法示例代码容易看出，其移动次数最小值为 0，最大值为 3(n-1)。然而，无论记录的初始排列如何，需进行的关键字的比较次数均相同，即为

$$\sum_{i=1}^{n-1} n - i = \frac{n(n-1)}{2}$$

所以，相比而言，简单选择排序的移动次数是最少的。在排序过程中，如果希望移动次数尽量少，那么可以选择简单选择排序。

3.3 奖学金竞争问题的求解

3.3.1 问题分析

根据 3.1 节中的问题描述，学生只要符合条件就可以获得奖学金，每种奖学金的获奖人数均没有限制，每名学生可以同时获得多种奖学金。问题的处理包括两个方面：①计算每名学生应得的各种奖学金，并求每名学生获得奖学金的总额；②将每名学生获得的奖学金总额按由高到低的顺序进行排序，并取前三名学生的信息。

3.3.2 算法分析

算法处理过程包括以下三步：

（1）输入所有学生的信息。包括学生自身信息和所涉及的奖学金的信息。

（2）统计每名学生获得奖学金的情况。

（3）将所有学生的奖学金总额按由高到低的顺序进行排序，并按要求输出排序后的前三名学生的信息。

本问题涉及的数据包括：学生姓名、期末平均成绩、班级评议成绩、是否是学生干部、是否是西部地区的学生，以及是否发表论文。数据元素之间是一种线性结构，考虑到学生人数是相对稳定的，故采用顺序存储结构来存放全部学生信息。

3.3.3 算法设计

计算所有学生奖学金的算法流程图如图 3.12 所示，其中 N 代表学生总数。

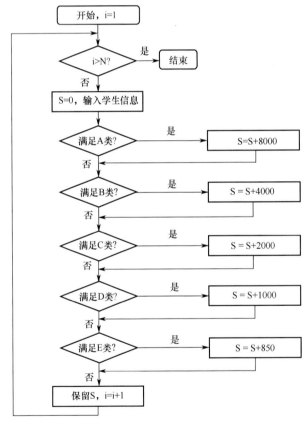

图 3.12
计算所有学生奖学金的算法流程图

计算完每名学生的奖学金总额后，就可以按获得奖学金总额由高到低的顺序进行排序。具体排序算法的示例代码如下。

```
void InsertionSort (decide(struct STUDENT[]) {
```

```
//采用直接插入排序
for ( k=2; k<=N; ++k )
 if (stu[k].scholarship < stu[k-1].scholarship) {
    stu[0] = stu[k];              //复制为监视哨
    for ( j=k-1; stu[0].scholarship < stu[j].scholarship ; -- j )
      stu[j+1] = stu[j];          //记录后移
    stu[j+1] = stu[0];            //插入到正确位置
  }
} // InsertSort
```

本算法采用直接插入排序。总体排序完毕后，最后输出排序后的前三名学生的信息即可。

对于"哪三名学生获得的奖学金总额最高？"的问题，也可以采用其他思路。例如，不进行全部排序，只进行局部排序，即只求出获得奖学金总额最高的前三名学生即可。这时可以采用冒泡排序或简单选择排序，这两种方法都只进行前三趟排序就可以解决该问题。

3.4 应用

3.4.1 荷兰国旗问题

1. 问题描述

现有红、白、蓝三种不同颜色的小球，乱序排列在一起，请重新将这些小球排序，使得相同颜色的小球分别放在一起。这个问题之所以称为荷兰国旗问题，是因为可以将红、白、蓝三色小球想象成条状物，在有序排列后，正好组成了荷兰国旗。

2. 问题分析

本问题可以视为一个数组排序问题。数组分为前部、中部和后部三个部分，每个元素（红、白、蓝分别对应 0、1、2）必属于其中之一。由于红、白、蓝三色小球的数量并不一定相等，所以这三个部分不一定是等分的。思路如下：将红色（由 0 表示）元素和蓝色（由 2 表示）元素分别排在数组的前部和后部，白色

（由 1 表示）元素自然就在中部了，这就满足了排序的要求。

3. 算法设计

设置两个标志位 begin 和 end，开始时分别指向该数组的开头和末尾，标志位 current 指向当前遍历位置，其初值为数组开始位置。

（1）若 current 遍历到的位置值为 0，则说明它一定属于前部，就与 begin 位置的值进行交换，然后 current 和 begin 的值各自加 1（表示前边的位置已经排好）。

（2）若 current 遍历到的位置值为 1，则说明它一定属于中部，根据问题分析，中部的数据不动，current 直接加 1。

（3）若 current 遍历到的位置值为 2，则说明它一定属于后部，就与 end 位置的值进行交换。由于交换后 current 指向的位置可能是属于前部的，若此时 current 前进，则会导致该位置不能被交换到前部，因此，此时 current 不动，end 值减 1，即向前退一个位置。

（4）重复此过程，直至 current=end。

4. 算法流程图与示例代码

根据前面的算法设计，荷兰国旗问题的算法流程图如图 3.13 所示。

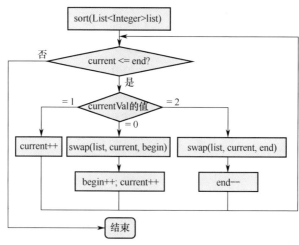

图 3.13
荷兰国旗问题的算法流程图

　　根据荷兰国旗问题的求解方法，其基本思想是快速排序，实际上求解该问题是快速排序的一个灵活应用。该问题的示例代码如下。

```
public void sort(List<Integer> list)
{
    int size = list.size(); int begin = 0;
    int end = size - 1; int current = 0;
    while(current < = end)    //还未结束
    {   int currentVal = list.get(current);
      if(currentVal =0)
        {  swap(list, current, begin);
           begin++;  current++;
        }
      else if(currentVal = 2 )
        { swap(list, current, end);
          end--;
        }
      else
        { current++;
        }
      }
}
```

3.4.2　货箱移动问题

1. 问题描述

　　某家快递公司的员工得到了一项任务，要求将若干个货箱按照发货时间排放。虽然比较发货时间很容易（对照标签即可），但是将两个货箱交换位置则很困难（移动很麻烦），这是因为仓库已经快满了，只有一个空闲仓位。请问该员工应怎样完成这项任务？

2. 问题分析

　　问题要求：找到一种合适的排序算法来解决货箱移动问题。由于货箱交换位置较为困难，因此要求货箱的移动次数是最少的，即在排序中尽量减少货箱交换次数，同时要考虑到只有一个空闲仓位的情况。因此，在货箱移动过程中，应该选取交换次数少且占用额外空间最少的方法。

货箱移动过程为：首先找到发货时间最近的货箱，将它与第一个货箱交换位置。之后，在剩下的货箱中找到发货时间最近的，将它与第二个货箱交换位置。重复此过程，直到所有货箱按发货时间的先后完成排序。所以这个问题用简单选择排序的方法就可以处理。

3.5　总结与思考

本章通过"谁能拿到奖学金"案例引出了排序的概念。简单介绍了排序的基本知识，对直接插入排序、起泡排序、快速排序和简单选择排序的排序过程、算法及特点和适用情况进行讲解。通过对"谁能拿到奖学金"问题的求解，以及对荷兰国旗问题、货箱移动问题的分析及算法设计，进一步掌握所学的排序知识。

思考题：

1. 发现你身边与排序相关的问题。若已有解决方法，则给出算法设计（算法流程图）；否则给出你的解决方法。

2. 已知线性表$(a_1, a_2, a_3, \cdots, a_n)$按顺序存于内存，每个元素都是整数，试设计算法，用最短的时间把所有负数都移动到所有正数之前。例如，将$(x, -x, -x, x, x, -x, \cdots, x)$变为$(-x, -x, -x, \cdots, x, x, x)$。

3. 某位老板有 n 个金块，他要找出其中最重和最轻的金块。假设有一台比较质量的仪器，每次可以比较两个金块的质量，思考如何用尽量少的比较次数找出最重和最轻的金块。

第4章
网上冲浪

■ ■ ■

本章主要内容包括"Web 导航"问题，什么是"栈"，如何实现"Web 导航"，列车调度问题，最后是对本章内容的总结与思考。

4.1 "Web 导航"问题

4.1.1 问题描述

标准 Web 浏览器具有向前翻页和向后翻页的功能。FORWARD（→）为向前翻页，BACK（←）为向后翻页。例如，用谷歌浏览器打开百度百科，依次搜索"中国海洋大学"、"建国大业"、"西游记"和"蜘蛛侠"，当分别单击"前进"按钮和"后退"按钮时，可分别实现向前翻页和向后翻页的功能，如图 4.1 所示。

图 4.1(a)是百度百科页面。在搜索栏中输入"中国海洋大学"，然后单击"进入词条"按钮，搜索出"中国海洋大学"页面，如图 4.1(b)所示。然后用同样的操作方法继续搜索"建国大业"、"西游记"和"蜘蛛侠"页面，分别如图 4.1(c)~4.1(e)

所示。单击"蜘蛛侠"页面上的后退箭头，后退到"西游记"页面，继续单击后退箭头，又后退到了"建国大业"页面，继续单击前进箭头，这时又前进到"西游记"页面。

(a) 百度百科页面

(b)"中国海洋大学"页面

(c)"建国大业"页面

图 4.1
Web 浏览器搜索过程

(d) "西游记" 页面

(e) "蜘蛛侠" 页面

图 4.1（续）
Web 浏览器搜索过程

4.1.2　问题分析

在按顺序打开 $1 \sim N$ 个 Web 页面后，若当前处于其中第 M（$1 \leqslant M \leqslant N$）个页面，则可通过单击后退箭头按顺序依次后退到前一个页面，即 $M-1, M-2, \cdots, 1$，也可通过前进箭头按顺序依次前进到后一个页面 $M+1, M+2, \cdots, N$。

计算机是如何实现这个过程的？如图 4.2 所示，用序列 1（FORWARD）和序列 2（BACK）表示计算机实现的具体过程。在输入上述网页信息后，两个序列的状态 1 如图 4.2(a)所示。序列 1 是百度百科、中国海洋大学、建国大业、西游记、蜘蛛侠，序列 2 为空。向后翻页，当前页面从蜘蛛侠回到了西游记，这两个序列就变成了如图 4.2(b)所示的状态 2；再次向后翻页，这两个序列就变成了如图 4.2(c)所示的状态 3；此时向前翻页，两个序列又变成了图 4.2(d)所示的状态 4。

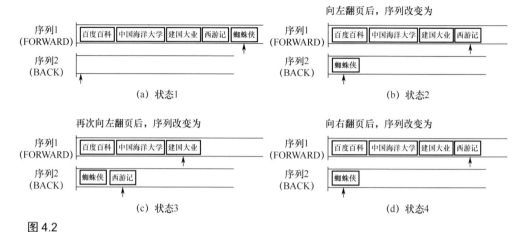

图 4.2
两个序列的状态变化

由此我们可以得出结论：

（1）BACK（←）：将当前页面从序列 1 中删除，并插入到序列 2 的末尾，之后序列 1 的末尾元素成为当前页面。

（2）FORWARD（→）：删除序列 2 的末尾元素，并插入到序列 1 的末尾，之后序列 1 的末尾元素成为当前页面。

（3）VISIT：将当前网页压入到序列 1 中，并将其置为新的当前页面，清空序列 2。

（4）QUIT：退出浏览器。

在"Web 导航"实现的过程中，涉及两个序列，分别用以跟踪相应的网页地址，使得向前和向后操作可以达到指定的界面。通过观察可以发现，在这两个序列中，最后保留的页面地址被最先调出并访问，而最早保留的页面地址则在最后被调出。在数据结构中，这种访问数据的操作通过堆栈（简称栈）结构页面地址来实现。栈结构在算法设计中，具有特殊的意义和用途。

4.2 什么是"栈"

4.2.1 栈的定义

栈（Stack）是限定仅在表尾进行插入或删除操作的线性表。通常将表尾端称为栈顶（Top），表头端称为栈底（Bottom）。

假设栈 S={$a_i|a_i \in$ ElemSet,i=1,2,$\cdots$,n,n$\geq$0}，则 a_1 为栈底元素，a_n 为栈顶元素，栈中元素按 $a_1,a_2,\cdots,a_n$ 的顺序进栈，退栈的第一个元素应为栈顶元素 a_n。栈的处理是按后进先出的原则进行的。因此，栈又称为后进先出（Last In First Out）的线性表（简称 LIFO 表）。

栈的抽象数据类型定义如下：

```
ADT Stack {
数据对象:
D={ai|ai∈ElemSet,i=1,2,…,n,n≥0}
约定 an 端为栈顶元素，a1 端为栈底元素。
数据关系:
R1={<ai-1,ai>|ai-1,ai∈D,i=2,…,n}
基本操作:
InitStack(&S)
操作结果：构造一个空栈 S。
DestroyStack(&S)
初始条件：栈 S 已存在。
操作结果：栈 S 被销毁。
ClearStack(&S)
初始条件：栈 S 已存在。
操作结果：将 S 清空。
StackEmpty(S)
初始条件：栈 S 已存在。
操作结果：若栈 S 为空栈，则返回 TRUE；否则返回 FALSE。
（此操作经常用来判断算法是否结束或算法结果是否正确）
GetTop(S, &e)
初始条件：栈 S 已存在且非空。
操作结果：用元素 e 返回栈 S 的栈顶元素。
Push(&S, e)
初始条件：栈 S 已存在。
操作结果：插入元素 e 为新的栈顶元素。
Pop(&S, &e)
初始条件：栈 S 已存在且非空。
操作结果：删除栈 S 的栈顶元素，并用元素 e 返回其值。
 } ADT Stack
```

在栈的基本操作中使用最多的是压栈、出栈和判断栈是否为空。

4.2.2　栈的顺序表示和实现

顺序栈的定义如下：

```
typedef struct {
    SElemType    *base;   //栈底指针
    SElemType    *top;    //栈顶指针
    int      stacksize;
} SqStack
```

其中，stacksize 指示栈当前可使用的最大容量。top 为栈顶指针，其初值指向栈底元素，当插入新元素时，指针 top 加 1，当删除栈顶元素时，指针 top 减 1。在非空栈中，指针 top 始终指向栈顶元素的下一个位置。

4.2.3　栈的应用举例

1. 括号匹配的检验

在表达式中会出现各种括号，如圆括号、花括号或方括号等，而且有时不同种类的括号存在嵌套现象。若这些括号之间不匹配，则表达式就是错误的。例如，([]( ))或[([ ][ ])]等为正确的格式，[( )、([( ))或(( )])均为不正确的格式。括号匹配的检验问题，就是要检验一个表达式中出现的各种括号是否匹配。

在计算机中，检验括号是否匹配的方法可用"期待的急迫程度"这个概念来描述。括号序列举例如图 4.3 所示。

图 4.3
括号序列举例

图 4.3 的序列中有各种不同的括号，而且括号间是嵌套的。当出现左括号时，不匹配的情况有以下三种。

（1）到来的右括号并非是所"期待"的。例如，左括号是一个圆括号，到来的右括号是一个方括号，那么这个括号就不是所期待的。

（2）到来的是"不速之客"。例如，期待的是右括号，但到来的可能是其他符号或运算分量。

（3）直到结束，也没有到来所"期待"的右括号。即左括号出现后，一直没有与其匹配的右括号，这时说明左括号是多余的，匹配失败。

基于上述三种不匹配的情况，括号匹配算法的基本思想如下：

设置一个栈，用于存放出现的左括号，并且将该栈初始为空。

（1）凡出现左括号，则进栈。

（2）凡出现右括号，首先检验栈是否为空。若栈空，则表明该右括号是多余的，匹配失败；否则与栈顶元素比较。若相互匹配，则左括号出栈，表明此次匹配成功；否则表明匹配失败。在此过程中，当遇到右括号时，一定是先与离它左边最近的左括号进行匹配，这就是前面讲到的"期待的紧迫程度"的含义。

（3）当表达式检验结束时，若栈空，则表明表达式匹配成功；否则表明左括号有余，匹配失败。

依据上述分析，括号匹配的算法流程图如图 4.4 所示。

括号匹配算法的示例代码如下。

```
Status matching(string& exp) {
    int state = 1;
    int i=0;
    while (i<Length(exp) && state) {
        switch of exp[i] {
            case "(":{Push(S,exp[i]); i++; break;}
            case ")": {                //右括号
                if(NOT StackEmpty(S)&&GetTop(S)="("
                    {Pop(S,e); i++;}       //匹配成功
                else {state = 0;}
                break;  }
            …               //其他类型括号处理过程相同
        }
        if (StackEmpty(S)&&state) return OK;
    }
```

其中，state 是一个状态标记，用来表示匹配是否成功。当 state=1 时，表示匹配成功；当 state=0 时，表示匹配失败。在上述算法中，只讨论了左、右括号是圆括号

的情况，对于花括号和方括号的情况，处理过程相同。

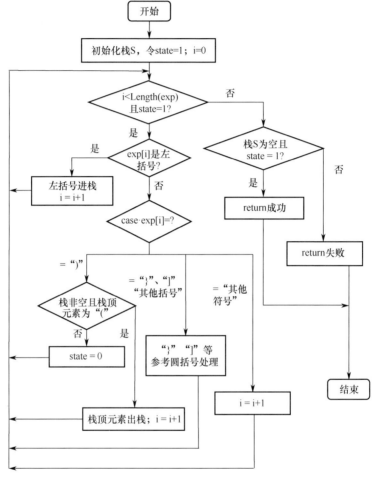

图 4.4

括号匹配的算法流程图

2. 函数调用

在进行程序设计时，经常会调用很多函数。在调用过程中，如何能保证函数的调用和返回顺利进行？

当一个函数在运行期间调用另一个函数时，在运行被调用函数之前，系统需要先完成以下三项任务：

（1）将所有的实参、返回地址等信息传递给被调用函数保存。

（2）为被调用函数的局部变量分配数据区。

（3）将控制转移到被调用函数的入口。

如果函数是多层嵌套调用，即主函数 main 调用函数 a，函数 a 又调用函数 b，那么此时的执行机制是"后调用，先返回"，如图 4.5 所示。

```
void main( ){        void a( ){        void b( ){
      …                 …                 …
     a( );              b( );
      …                 …
}//main             }// a              }// b
```

图 4.5
函数调用的例子

图 4.5 中函数调用的执行过程如图 4.6 所示。在这个顺序中，为了保证从函数 b 返回的是函数 a 的数据区，而不是主函数 main 的数据区，系统对各函数的数据区要实行"栈式管理"，即后调用的函数先返回。

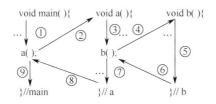

图 4.6
图 4.5 中函数调用的执行过程

同样，在程序执行从被调用函数返回调用函数前，系统需要先完成以下三项任务：

（1）保存被调函数的计算结果。

（2）释放被调函数的数据区。

（3）根据被调函数保存的返回地址将控制转移到调用函数。

4.2.4　生活中的栈

栈结构在日常生活中的运用十分常见，如常见的微博故事。

微博是一种目前比较流行的自媒体，微博故事在微博的顶端部分，博主发布的微博故事会按照一定的顺序进行排列。微博故事页面如图 4.7 所示。先发布的微博故事排在右侧，后发布的微博故事排在左侧。没看过的微博故事为粉色圆圈，看过的微博故事为灰色圆圈。我们在看微博故事时，一般会从左往右看，即先看到的是最新发布的，后看到的是之前发布的。

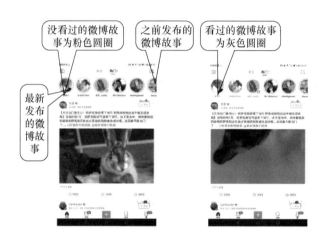

图 4.7
微博故事页面

微博故事的顺序示意图如图 4.8 所示，每位博主发布微博故事的顺序是 ABCDE，而微博故事被看到的顺序恰好是 EDCBA。也就是说，一般先看后发布的微博故事，再看先发布的微博故事。这个过程实际上就相当于一个栈的结构，遵循先进后出的原则。

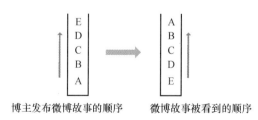

图 4.8
微博故事的顺序示意图

具有栈这种结构特性的事物，在日常生活中还有很多，在此不一一赘述。

4.3　如何实现 "Web 导航"

4.3.1　问题分析

（1）数据的输入与输出。

根据输入文件的格式，我们应当从输入文件中逐行读取各条指令，直至读到 QUIT。将各条指令（除 QUIT 外）依次存于数组 cmds 中。调用浏览器模拟过程执行各条指令，并把执行的结果逐条存于数组 result 中。最后，将数组 result 中的每个元素均作为一行写入输出文件中。

（2）"Web 导航" 的算法分析。

4.1.2 节提到的序列 1 和序列 2 实质上就是两个栈。根据之前的描述，需要维护两个栈，即 forward-stack（表示前进栈）和 back-stack（表示后退栈且将其初始化为空集 ∅），以及用一个表示当前访问的页面地址 current-url 来模拟使用浏览器向前翻页和向后翻页的过程。除了 QUIT，浏览器还要响应三个操作，即 BACK、FORWARD、VISIT，分别表示向后翻页、向前翻页和访问。

（3）"Web 导航" 的算法设计。

图 4.9 是 BACK 操作的处理过程，若后退栈不为空，则将当前页面压入到前进栈，后退栈的栈顶元素置为当前页面，然后弹出后退栈，即弹出栈顶，最后返回 true。

图 4.10 是 FORWARD 操作的处理过程。首先判断前进栈是否为空，若前进栈为空，则无法前进，返回结束；若前进栈不为空，则直接将当前页面压入到后退栈，然后把前进栈的栈顶元素置为当前页面，弹出前进栈，最后返回 true。

访问是将页面的具体内容直接显示出来。图 4.11 是 VISIT 操作的处理过程，因该操作与栈的操作无关，在此不做介绍。

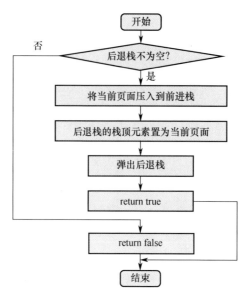

图 4.9
BACK 操作的处理过程

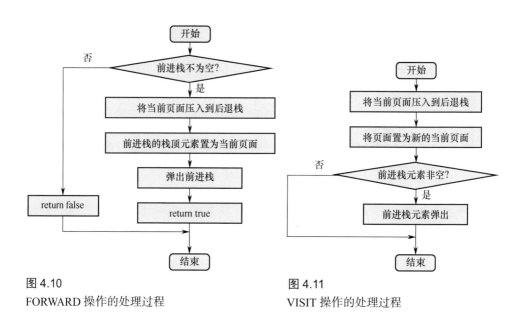

图 4.10
FORWARD 操作的处理过程

图 4.11
VISIT 操作的处理过程

实现"BACK"、"FORWARD"和"VISIT"操作算法的示例代码如下所示。

```
bool back()
    {   if(!backStack.empty())
```

```
    {    forwardStack.push(currentUrl);
                        //将当前页面压入到前进栈
         currentUrl=backStack.top();
                        //后退栈的栈顶元素置为当前页面
         backStack.pop();      //弹出后退栈
         return true;
    }
    return false;
}
bool forward()
  {  if(!forwardStack.empty())
    {    backStack.push(currentUrl);
                    //将当前页面压入到后退栈
         currentUrl=forwardStack.top();
                    //前进栈的栈顶元素置为当前页面
         forwardStack.pop();    //弹出前进栈
         return true;
    }
    return false;
  }
void visit(string url)
  {  backStack.push(currentUrl);
                //将当前页面压入到后退栈
    currentUrl=url;
    while (!forwardStack.empty())
        forwardStack.pop();
}
```

4.3.2　算法设计

图 4.12 是浏览器进行"Web 导航"的完整处理过程。首先对数组进行初始化，获取数组 cmds 的长度，并将与浏览器操作有关的命令都放进数组 cmds 中，将前进栈、后退栈置空。然后，开始依次执行命令（对命令进行解析，然后根据命令做出相应的处理）。整个算法的执行过程就是模拟浏览器的处理过程。

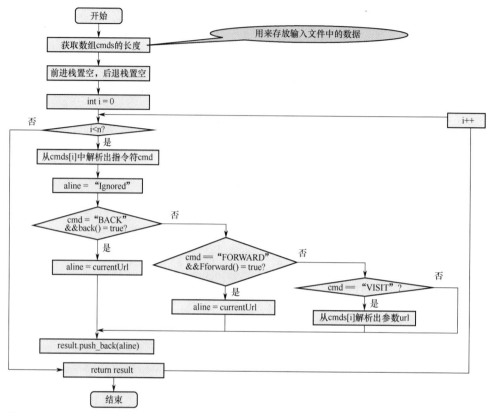

图 4.12

浏览器进行"Web 导航"的完整处理过程

实现"Web 导航"算法的示例代码如下。

```
web_navigation (){
    int n=cmds.size();
    clearStack(forwardStack);
    clearStack(backStack);
    for(int i=0;i<n;i++){
            istringstream strstr(cmds[i]);
        string cmd, aline="Ignored";
        strstr>>cmd;
        if (cmd=="BACK" && back())
            aline=currentUrl;
        else if (cmd=="FORWARD" && forward())
            aline=currentUrl;
        else if (cmd=="VISIT")
```

```
    {   string url;
            strstr>>url;
            visit(url);
            aline=currentUrl;
        }
        result.push_back(aline);
    }
    return result;
        }
```

4.4　列车调度问题

4.4.1　问题描述

　　某城市火车站的铁轨铺设示意图如图 4.13 所示。列车有 n 节车厢从 A 站驶入，按进站顺序将这些车厢编号为 $1 \sim n$，任务是让这列车的车厢按照某种特定的顺序从 B 站驶出。也就是说，$1 \sim n$ 节车厢从 A 站驶入后，借助于中转站 C，按照某种顺序再从 B 站驶出。

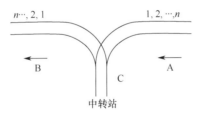

图 4.13
某城市火车站的铁轨铺设示意图

4.4.2　问题分析

　　为了重组车厢，可以借助中转站 C，中转站 C 可以停放任意多节车厢，但由于该站末端未开放，驶入中转站 C 的车厢必须按照相反的顺序驶出。对每个车厢进行约定：一旦从 A 站驶入中转站 C，就不能回到 A 站了；一旦从中转站 C 驶入 B 站，就不能回到中转站 C 了。由于中转站 C 的一端未开放，因此中转站 C 就是一个栈的结构，即后进去的车厢先出来。在任意时刻，只有两种选择：A→C 和 C→B，或是从 A 站驶入中转站 C，或是中转站 C 中的车厢到达 B 站。需要注意的是，从中转站 C 到 B 站，再从 B 站出来的车厢顺序不一定是"期待"的顺序。

4.4.3　算法设计

算法的基本思想如下：

（1）中转站 C 只允许列车在一端进行驶入和驶出，符合栈的特性，即把中转站 C 定义为一个栈。

（2）算法有两个输入值，分别是列车的车厢数 n 和列车从 B 站驶出的顺序。变量 A 和 B 分别表示 A 站、B 站处的车厢数，其初值为 1。

（3）若栈 C 非空且栈顶元素与目标输出一致，则栈顶元素出栈，并继续比较下一个元素。

（4）若当前栈顶车厢编号小于 B 站要求的车厢编号，则继续入栈。

（5）最后判断是否可以按指定顺序出站，即从 B 站出站的车厢顺序是否能够求得。

图 4.14 为列车调度算法流程图。

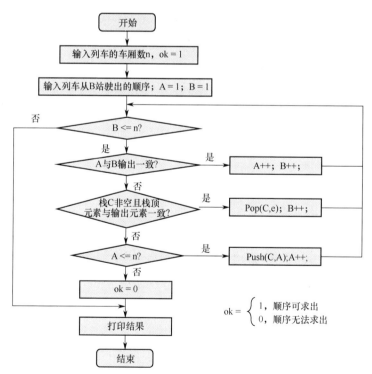

图 4.14
列车调度算法流程图

列车调度算法的示例代码如下。

```
#define MAXN 1010
int n, target[MAXN];
Status trainDispatching( ){
    while (scanf("%d", &n) !=EOF ) {
        while(!StackEmpty(C){Pop(C,e);}}//
    int A = 1;
    int B = 1;
    for (int i = 1; i <= n; i++)//遍历栈中元素
    {
    scanf("%d", &target[i]);}//输入目标元素
    int ok = 1;//标志变量
    while (B <= n) {
    if (A == target[B]) {A++;B++;}
    //要先判断栈中有没有元素与其相同再入栈
    else if (!StackEmpty(C) && GetTop(C,e)==target[B])
    {Pop(C,e); B++;}
    else if (A <= n) { Push(C,A); A++;}
    else {ok = 0; break;}
    }
    printf("%s\n", ok ? "Yes" : "No");
    }
}
```

4.5　总结与思考

本章通过对"Web 导航"问题的分析，引出了重要的数据结构——栈，并对其基本知识进行介绍。通过括号匹配的检验、函数调用两个实例，介绍了栈的应用。最后通过列车调度问题的分析和算法设计，加深读者对栈的理解，并使读者掌握栈在算法设计中的应用。

思考题：

1. 举出生活中常见的具有栈结构的问题，并尝试用算法设计的方法加以描述。

2. 假设用 S 和 X 分别表示入栈和出栈操作，对初态和终态均为空的栈操作

可由 S 和 X 组成的序列表示（如 SXSX）。

（1）试指出判别给定序列是否是合法的一般规则。

（2）两个不同合法序列（对同一输入序列）能否得到相同的输出元素序列？若能得到，请举例说明。

3. 将音乐添加到播放列表中时，总会出现先添加的音乐后播放（顺序播放的情况下），请设计算法实现这一过程。

4. 迷宫问题：以一个 $m \times n$ 的长方阵表示迷宫，0 和 1 分别表示迷宫中的通路和障碍。设计一个算法，在任意设定的迷宫中，求出一条从入口到出口的通路，或得出没有通路的结论。

解决迷宫问题的提示如下：

（1）可采用"穷举求解"方法，即从入口出发，顺着某一方向进行探索，若能走通，则继续前进；否则沿着原路退回，换一个方向继续探索，直至到达出口，求得一条通路。假如将所有可能的通路都探索后还未能到达出口，则该迷宫没有通路。

（2）可以用二维数组存储迷宫数据，通常设定入口点的坐标为(1,1)，出口点的坐标为(m,n)。为了处理方便，可在迷宫四周添加一圈障碍。对于迷宫中任意位置均可约定东、南、西、北 4 个方向。

求解迷宫路径算法的基本思想如下：

（1）若当前位置"可通"，则纳入路径，继续前进。

（2）若当前位置"不可通"，则后退，换一个方向继续探索。

（3）若四周"均无通路"，则将当前位置从路径中删除。

第 5 章
"汉诺塔" 的智慧

■ ■ ■

本章的主要内容包括"汉诺塔"问题及求解，递归的基本概念与应用，递归应用：八皇后问题等问题的求解，最后是本章的总结与思考。

5.1 "汉诺塔"问题

5.1.1 问题描述

首先对"汉诺塔"问题进行描述。

从前有一座寺庙，寺庙里有 3 个圆柱 A、B、C，在圆柱 A 上有 64 个盘子，从上往下盘子越来越大。寺庙里的老和尚想把这 64 个盘子全部移动到圆柱 C 上。移动的时候，始终只能是小盘子压着大盘子，而且每次只能移动一个盘子，盘子也只能放在 A、B、C 这 3 个圆柱上。老和尚想知道将圆柱 A 上的 64 个盘子移动到圆柱 C 上的办法，并且要求移动次数最少。

"汉诺塔"结构图如图 5.1 所示。

图 5.1
"汉诺塔"结构图

5.1.2　问题分析

开始时老和尚（后面称为和尚 A）觉得很难，所以他想，要是有一个人能把前面 63 个盘子先移动到圆柱 B 上，自己再把最后一个盘子直接移动到圆柱 C 上，然后让那个人把刚才的前 63 个盘子从圆柱 B 移动到圆柱 C 上，这个问题即可解决。因此和尚 A 找了一个比他年轻的和尚（后面称为和尚 B），并给出如下命令：

（1）和尚 B 把前面的 63 个盘子移到圆柱 B 上，即将盘子从圆柱 A 移动到圆柱 B 上。

（2）和尚 A 把第 64 个盘子移动到圆柱 C 上。

（3）要求和尚 B 再把前面的 63 个盘子移动到圆柱 C 上，也就是把圆柱 B 上的 63 个盘子移动到圆柱 C 上。

以上移动过程如图 5.2 所示。

和尚 B 接受了任务以后，也觉得很难，因为要把这 63 个盘子从圆柱 A 移动到圆柱 B 上，然后从圆柱 B 移动到圆柱 C 上，所以他也和和尚 A 的想法一样。要是有一个人能把前面 62 个盘子先移动到圆柱 B 上，他再把最后一个盘子，也就是第 63 个盘子直接移动到圆柱 C 上，然后让那个人把刚才的前 62 个盘子从圆柱 B 移动到圆柱 C 上，那么他的任务也完成了。所以他也找了比他更年轻的和尚（后面称为和尚 C），并给出如下命令：

（1）和尚 C 把前面 62 个盘子移动到圆柱 C 上。

（2）和尚 B 把第 63 个盘子移动到圆柱 B 上。

（3）要求和尚 C 再把前面 62 个盘子移动到圆柱 B 上。

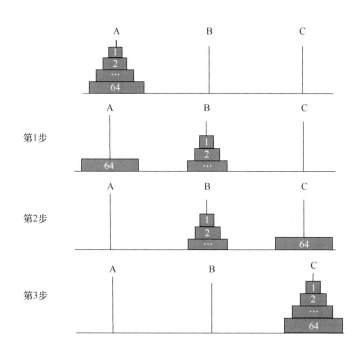

图 5.2
移动过程

　　和尚 C 接受了任务,又把移动前 61 个盘子的任务用同样的方式交给了和尚 D,一直继续(递归)下去,直到把任务交给了第 64 个和尚为止。到此任务分工完成,各司其职完成回推,工作也就完成了。

　　现在假设只有 3 个盘子,具体移动过程如下:

　　(1)和尚 1 要求和尚 2 先把圆柱 A 上的前 2 个盘子移动到圆柱 B 上。

　　(2)和尚 1 把圆柱 A 上第 3 个盘子移动到圆柱 C 上。

　　(3)和尚 2 把前 2 个盘子从圆柱 B 移动到圆柱 C 上,这样就完成了。

　　第(2)步是直接移动很容易实现的。第(1)步中,和尚 2 要把前两个盘子从圆柱 A 移动到圆柱 B 上,第(3)步中,要把前 2 个盘子从圆柱 B 移动到圆柱 C 上,同前面原理一样。

　　注意,当只有 1 个盘子时,直接移动即可。这就是递归停止的条件,也称为边界值。用 1、2、3 对 3 个盘子进行编号。

　　按照前面的介绍,第(1)步,要把圆柱 A 上的 1 号、2 号盘子从圆柱 A 移动到圆柱 B 上,具体过程如下。

① 把 1 号盘子从圆柱 A 移动到圆柱 C 上。

② 把圆柱 A 上的 2 号盘子，从圆柱 A 移动到圆柱 B 上。

③ 再把圆柱 C 上的 1 号盘子移动到圆柱 B 上。

以上步骤就实现了把圆柱 A 上的两个盘子从圆柱 A 移动到圆柱 B 上，也就是刚才要求和尚 2 完成的第（1）个任务，3 个盘子的完整移动过程如图 5.3 所示。

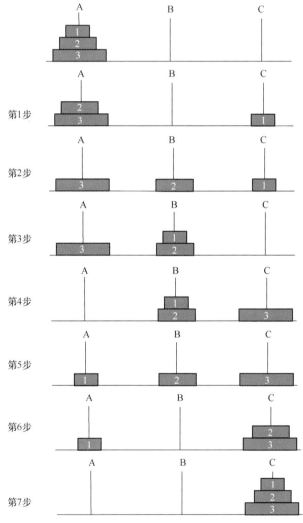

图 5.3

3 个盘子的完整移动过程

整个移动过程共 7 个步骤，实现了将这 3 个盘子从圆柱 A 移动到圆柱 C 上。若共有 4 个盘子，则在第 1 步和第 3 步中，均是 3 个盘子的移动问题，各需 7 步，所以 4 个盘子的总的移动次数为 7+1+7=15。以此类推，可知移动 n 个盘子，需要的总移动次数为 $2^n - 1$。

上述移动盘子过程中的第 1 步和第 3 步与原问题性质一样，只不过比原问题简单，即盘子个数少 1。这就是递归。

在日常工作和学习中，也会遇到很多递归的问题。例如，在 Windows 文件夹中查找文件的过程。如图 5.4 所示的文件夹结构，"我的文档"下面有"数据库"、"算法大视界"和"工作计划"，其中椭圆代表文件夹，方框代表具体的文件。我们要查找"算法大视界"的"第 1 章"，首先从"我的文档"到达了"算法大视界"文件夹，然后从"算法大视界"到达了"第 1 章"这个文档，此过程实际上也是一个递归过程。

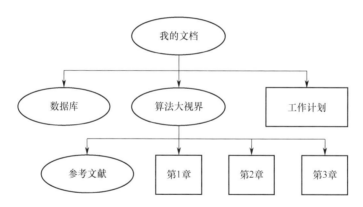

图 5.4
文件夹结构

5.2 递归的基本概念与应用

5.2.1 递归

定义：一个对象如果部分地由它自身来定义（或描述），则称其为递归。

例如，阶乘函数：

$$\mathrm{Fact}(n)\begin{cases}1, & n=0 \\ n\times\mathrm{Fact}(n-1), & n\geqslant 1\end{cases}$$

当 $n=0$ 时，定义结果为 1；当 $n\geqslant 1$ 时，n 的阶乘定义为 n 乘以 $n-1$ 的阶乘，这就是递归。

再来看二阶 Fibonacci 数列：

$$\mathrm{Fib}(n)=\begin{cases}0, & n=0 \\ 1, & n=1 \\ \mathrm{Fib}(n-1)+\mathrm{Fib}(n-2), & n>1\end{cases}$$

当 $n=0$ 时，二阶 Fibonacci 数列的第 0 项为 0；当 $n=1$ 时，它的第 1 项为 1；当 $n>1$ 时，它的第 n 项等于第 $(n-1)$ 项与第 $(n-2)$ 项之和，这也是递归。

5.2.2 递归函数

什么是递归函数呢？一个直接调用自己或通过一系列的调用语句间接地调用自己的函数，称为递归函数。

注意，直接或间接调用自己的函数，都称为递归函数。递归函数必须满足以下两个条件：

（1）在每次调用自己时（递归表达式），必须更接近于解。例如，"汉诺塔"问题中如图 5.2 所示的第 1 步和第 3 步，求阶乘中的 Fact($n-1$)。

（2）必须有一个终止处理或计算的准则，通常称为递归出口。例如，"汉诺塔"问题中的 $n=1$，求阶乘中的 $n=0$ 的情况。

递归是算法设计中一个非常有力的工具。那么，如何设计递归过程或递归函数呢？可以考虑以下 3 种情况。

（1）问题的定义是递归的。

例如，数学中的阶乘函数、二阶 Fibonacci 数列等。这些问题的定义本身是用递归方式的，在这种情况下，很容易写出它的递归函数。

求阶乘和二阶 Fibonacci 数列的递归函数的程序代码分别如下所示。

```
int Fact(int n){
```

```
    if(n==0)  return 1;
    else  return n*Fact(n-1);
}
int Fib(int n) {
    if(n==0)     return 0;
    else  if(n==1) return 1;
    else  return Fib(n-1)+Fib(n-2);
}
```

其中，Fact(n-1)和 Fib(n-1)+Fib(n-2)就是递归表达式，n=0 和 n=1 分别是递归出口（递归终止条件）。

通过这两个例子可知，如果问题的定义是递归的，那么写出它的递归函数非常简单，而且算法非常直观。

（2）有些问题的数据结构，如二叉树、广义表等，由于结构本身所固有的递归特性，因此对它们的问题求解算法也可采用递归方式。

（3）虽然有些问题本身没有明显的递归特性，但采用递归方式求解比迭代方式求解更简单。例如，八皇后问题、"汉诺塔"问题等。针对这类问题，如果用常规的递推或迭代方式来解决感到困难，或者找不到合适的解决方法，就可以考虑采用递归的方式。

5.3 "汉诺塔" 问题求解

5.3.1 问题分析

在 5.1 节中，已经对整个 "汉诺塔" 问题的求解过程进行了介绍，其求解步骤描述如下。

若 $n=1$，则直接将该盘子圆盘从圆柱 A 移动到圆柱 C 上。否则：

（1）将圆柱 A 上方的$(n-1)$个盘子移动到圆柱 B 上。

（2）将圆柱 A 上的第 n 个盘子移动到圆柱 C 上。

（3）将圆柱 B 上的$(n-1)$个圆盘移动到圆柱 C 上。

至此，整个 "汉诺塔" 问题求解任务完成。

5.3.2 算法设计

"汉诺塔"问题求解过程得到的算法流程图如图 5.5 所示。

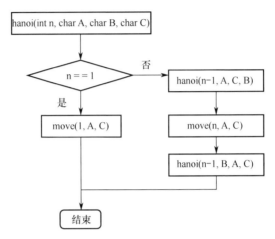

图 5.5

"汉诺塔"问题算法流程图

"汉诺塔"问题求解的示例代码如下所示。

```
int hanoi(int n, char a, char b, char c)
  //将圆柱 A 上 n 个盘子移动到圆柱 C 上，中间可以通过圆柱 B 过渡
{ if(n==1)
     move(1, A, C); //若只有一个盘子，则直接从圆柱 A 移动到圆柱 C 上
  else{
    hanoi(n-1, A, C, B);
  //将圆柱 A 上 n-1 个盘子移动到圆柱 B 上，中间可以通过圆柱 C 过渡（递归）
    move(n, a, c); //把圆柱 A 剩下的盘子直接移动到圆柱 C 上
    hanoi(n-1, B, A, C );
  //将圆柱 B 上 n-1 个盘子移动到圆柱 C 上，中间可以通过圆柱 A 过渡（递归）
  }
  return ; }
```

设计递归函数的方法有两种：分治法和回溯法。

1. 分治法

分治法，也称为分割求解法。其思想是对于一个输入规模为 n 的函数或问题，用某种方法把输入分割成 k（$1<k\leq n$）个子集，从而产生 k 个子问题，分别求解

这 k 个子问题,得出 k 个子问题的子解,再用某种方法把它们组合成原问题的解。若子问题的规模足够大,则可以反复使用分治法,直至最后所分得的子问题规模足够小,可以直接求解为止。

利用分治法求解时,所得子问题的类型通常与原问题相同,因而很自然地引出递归求解,如"汉诺塔"问题。

2. 回溯法

回溯法是一种"穷举"方法,其基本思想如下:假设问题的解为 n 元组$(x_1, x_2, \cdots, x_n)$,其中 x_i 取值于集合 S_i。n 元组的子组$(x_1, x_2, \cdots, x_i)$ ($i<n$) 称为部分解,应满足一定的约束条件。对于已求得的部分解$(x_1, x_2, \cdots, x_i)$,若在添加 $x_{i+1} \in S_{i+1}$ 之后仍然满足约束条件,则得到一个新的部分解$(x_1, x_2, \cdots, x_{i+1})$,之后继续添加 $x_{i+2} \in S_{i+2}$ 并检查。

若对于所有取值于集合 S_{i+1} 的 x_{i+1} 都不能得到新的满足约束条件的部分解$(x_1, x_2, \cdots, x_{i+1})$,则从当前子组中删去 x_i,回溯到前一个部分解$(x_1, x_2, \cdots, x_{i-1})$,重新添加集合 S_i 中尚未考察过的 x_i,看是否满足约束条件。重复此过程,直至求得满足约束条件的问题的解,或者证明问题无解。下面将介绍的八皇后问题,就是一个典型的利用回溯法求解的递归问题。第 4 章讨论的"迷宫问题"求解过程,也是一个典型的回溯法的应用。

5.4　应用

5.4.1　八皇后问题

1. 问题分析

八皇后问题是一个古老而著名的问题,该问题是国际象棋手马克斯·贝瑟尔于 1848 年提出的。在 8×8 格的国际象棋棋盘上摆放 8 个皇后,使其不能相互攻击,即任意两个皇后都不能处于同一行、同一列或同一斜线上,问有多少种摆法?八皇后的一种合理的摆法如图 5.6 所示。

八皇后问题利用递归方法很容易解决。每放置一个皇后,就将其位置进行标记,表示它所在的行、列及所对应的两个方向的对角线上不能再放置其他的皇后,然后放置下一个皇后,以此类推。特别提示,放置过程是按逐行放置的顺序进行的，这样就可以减少各行之间放置冲突的问题。

图 5.6
八皇后的一种合理的摆法

此问题的难点在于如何把控递归函数的返回条件。一种情况是 8 个皇后放置完成后，直接返回成功；另一种情况是该行中已经没有可以放置的位置，此时返回失败，需要重新放置。此时要格外注意，所谓的"重新放置"指的并不是将所有皇后清除重新再来，而是指返回上一层，将上一个导致本次放置失败的皇后进行清除，然后更新其位置，通过逐级放置或逐级回溯可以遍历所有情况，找到所有解。

2. 算法设计

放置第 n 个皇后的算法流程图如图 5.7 所示。现在要放置第 n 个皇后，首先判断是否是最后一个皇后。若是，则把最后一个皇后放置完毕；否则检测放置的皇后位置是否冲突。若冲突，则重新放置；否则，继续放置下一个皇后。

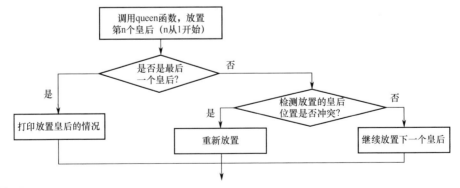

图 5.7
放置第 n 个皇后的算法流程图

（1）位置冲突判断函数代码如下所示。

```
bool Chongtu(int a[], int n)
            //a[]为位置数组，判断加入第 n 个皇后后，是否冲突
{
   int i = 0, j = 0;
   for (i = 2; i < n; ++i)        //i:行位置
      for (j = 1; j <= i-1; ++j)   //j:列位置
         if ((a[i] == a[j]) || (abs(a[i]-a[j]) == i-j))
                 //1:在一行；2:在对角线上
            return false;       //冲突
   return true;                //不冲突
}
```

（2）递归函数如下所示。

```
void Queens8(int k) {     //参数 k:递归放置第 k 个皇后
   int i = 0;
   if (k > n)             //k>n，即 k>8 表示最后一个皇后放置完毕
   {printf("第%d种情况: ",++count);
                 //count 是全局变量，初值为 0，用来记录放置方法的次数
      for (i = 1; i <= n; ++i)
         printf("%d ",a[i]);//输出结果
      printf("\n");
   }else {//8 个皇后未全部放置完毕
      for (i = 1; i <= n; ++i) /*放置第 k 个皇后时依次从第一列搜索，
直到找到合适位置，若未找到，则自动返回上层递归*/
         a[k] = i;
         if (Chongtu(a,k))  //不冲突
            Queens8(k+1); }//递归放置下一个皇后
   }
   return;
}
```

5.4.2 快速排序

1. 问题分析

快速排序的基本思想和方法已在第 3 章介绍。我们知道，采用快速排序，经过一趟排序(划分)后，把整个记录的无序序列 R[s,…,t]分割成两部分，即 R[s,…,i−1] 和 R[i+1,…,t]。

$$R[j].key \leqslant R[i].key \leqslant R[p].key$$

$$(s \leqslant j \leqslant i−1) \qquad\qquad (i+1 \leqslant p \leqslant t)$$

枢轴

其中，前面 R[s,…,i−1]部分，其所有记录的关键值都小于枢轴记录的关键值，后面 R[i+1,…,t]部分，其所有记录的关键值都大于枢轴记录的关键值。

在对无序的记录序列进行一次划分后，再分别对两个子序列重复同样的过程。这种处理方式恰好符合"分治法"的递归思想，因此可以用递归的方法来实现快速排序。

2. 算法设计

快速排序算法及算法流程图，参见 3.2.4 节。

5.4.3 分苹果问题

1. 问题分析

问题：把 m 个同样的苹果放在 n 个同样的盘子里，允许有的盘子空着不放，问共有多少种不同的分法？

问题分析：所有不同的摆放方法可以分为两类：至少有一个盘子为空和所有盘子都不为空。对于至少有一个盘子为空的情况，n 个盘子摆放 m 个苹果的摆放方法的数目与 $n−1$ 个盘子摆放 m 个苹果的摆放方法的数目相同。对于所有盘子都不为空的情况，n 个盘子摆放 m 个苹果的摆放方法的数目等同于在 n 个盘子摆放 $m−n$（去掉每个盘子放一个苹果的情况）个苹果的摆放方法的数目。因此，可以用递归的方法求解这个问题。

2. 算法设计

设 $f(m,n)$ 为 m 个苹果和 n 个盘子摆放方法的数目。先对 n 进行讨论，当 $n > m$ 时，则必定有 $n-m$ 个盘子空着，去掉它们对摆放方法的数目不产生影响；当 $n > m$ 时，$f(m,n)=f(m,m)$。当 $n \leqslant m$ 时，不同的摆放方法可以分成两类：至少有一个盘子为空和所有盘子都不为空，前一种情况相当于 $f(m,n)=f(m,n-1)$，后一种情况即 $f(m,n)=f(m-n,n)$。总的摆放方法的数目等于两种情况之和，即 $f(m,n)=f(m,n-1)+f(m-n,n)$。当 $m=0$ 或 $n=1$ 时，结果就只有一种，所以这两个条件中的任意一个都是递归出口。相关的示例代码如下所示。

```
int ways(int m, int n)
{
    if (m == 0 || n == 1) //递归出口
    return 1;
    else if (m < n)
            return ways(m , m);
        else
            return ways(m,n-1) + ways(m-n,n);
}
```

5.5 总结与思考

递归是算法设计中非常重要的方法。本章通过对"汉诺塔"问题的介绍和分析，引入递归和递归算法的概念。通过学习，进一步了解有关递归算法设计的基本知识。通过对八皇后问题、快速排序及分苹果问题等几个典型问题的解析，强化对递归知识的理解和掌握。

思考题：

1. 举出生活、学习中遇到的递归问题，并尝试用算法加以描述。

2. 素数环问题：把 1～20 这些数摆成一个环，要求相邻两个数的和为素数。素数环问题如图 5.8 所示。

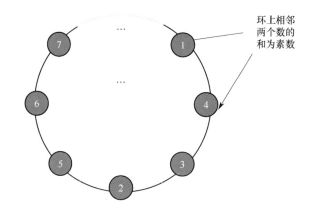

环上相邻
两个数的
和为素数

图 5.8
素数环问题

提示：这是一个组合问题，利用回溯法可以很好地解决。可以用长度为 20 的一维数组 A 来存储这个圈，再用长度为 20 的一维数组 B 来标记一个数是否已经在素数环内，然后逐一确定对应每一个位置的数。

因为这是一个圈,没有次序问题(指从哪里先开始),所以可以始终使 A[0]=1,逐一确定 A[1],A[2]…便可以最终确定出这个素数环。

3. 猴子吃桃问题：一个猴子摘了一堆桃子，它每天都吃当前桃子的一半再多一个，到了第 10 天就只剩下 1 个桃子，求这只猴子原来共摘了多少个桃子。

4. "一摞烙饼排序"问题：假设有 n 块大小不一的烙饼，最少要翻转几次，才能得到大小有序的结果？（输出最优化的翻饼过程，提示：可参考"汉诺塔"问题。）

5. 给定集合 $A=\{a_1,a_2,\cdots,a_{n-1},a_n\}$，设计算法求 A 的所有排列。

6. 国王的重赏：传说，印度的舍罕国王打算重赏国际象棋的发明人——大臣西萨·班·达依尔。这位聪明的大臣跪在国王面前说："陛下，请你在这张棋盘的第一个小格内，赏给我一粒麦子，在第二个小格内赏两粒，在第三个小格内赏四粒，照这样下去，每一个小格内都比前一个小格的麦子数多一倍。陛下，按此方法棋盘上所有64格的麦子，都赏给我吧！"国王说："你的要求不高，会如愿以偿的。"他下令把一袋麦子拿到宝座前，计算麦子的工作开始了。还没到第二十个小格，一个袋麦子已经空了，一袋又一袋的麦子被扛到国王面前。但是，麦子数一格一格地增长得如此迅速，国王很快看出，即使拿出来全印度的粮食，也兑现不了他对象棋发明人许下的诺言。算算看，国王应赏给象棋发明人多少粒麦子？

第6章
舞伴的选择

. . .

本章主要内容包括舞伴组合问题，队列知识介绍，舞伴组合问题求解，应用：消息的加密和解密问题，最后是本章的总结与思考。

6.1 舞伴组合

6.1.1 问题描述

舞会中约定男士只能和女士组成舞伴，参加舞会的男士多于女士，并且舞厅最多只能容下 X 对舞伴同时跳舞。这样始终都有一部分人处于等待中，每对舞伴跳完后可以重新组合舞伴。为了保证所有人都可以获得舞伴及跳舞的机会，需要进行舞伴组合。

6.1.2 问题分析

假设男士有 m 人，女士有 n 人，舞会上最多有 X 对舞伴同时跳舞，并且满足

$m>n>X$。

在舞会开始时，男士和女士分别排成两队记为 Q_m 和 Q_f，依次从男队和女队的队头各出一个人组成舞伴，直到有 X 对舞伴在跳舞，未配对者等待下一轮。每对舞伴跳完后，需再进入队尾等候新的舞伴才可以跳舞。先入队的男士或女士先出队组成舞伴。

此问题中，在舞伴选择过程中男士和女士所排的队就是数据结构中的队列（简称队）。

6.2 队列

6.2.1 队列的抽象数据类型定义

队列（Queue）是一种先进先出（First In First Out）的线性表（简称 FIFO 表）。它只允许在表的一端进行插入，而在另一端进行删除。

在队列中，允许插入的一端称为**队尾**（Rear），允许删除的一端称为**队头**（Front）。

假设队列为 $Q=(a_1,a_2,\cdots,a_n)$，则 a_1 为队头元素，a_n 为队尾元素。也就是说，a_1 是第一个插入进去的，a_n 是最后一个插入进去的。

抽象数据类型队列的定义如下：

```
ADT Queue {
    数据对象：
        D = {aᵢ|aᵢ∈ElemSet,i=1,2,…,n,n≥0}
    数据关系：
        R1 = {<aᵢ₋₁,aᵢ>|aᵢ₋₁,aᵢ∈D, i=2,…,n}
        约定：其中 a₁端为队列头，aₙ端为队列尾
基本操作：
} ADT Queue
```

类似于对栈的定义，队列的数据对象 a_i 属于某一个元素集合。数据关系 R1 中 a_{i-1} 和 a_i 是有序的，其中 a_1 端为队列头，a_n 端为队列尾。

6.2.2　队列的基本操作

初始化操作：

InitQueue(&Q)
操作结果：构造一个空队列 Q。
销毁操作：
DestroyQueue(&Q)
初始条件：队列 Q 已存在。
操作结果：队列 Q 被销毁，不再存在。
判断队列是否为空：
QueueEmpty(Q)
初始条件：队列 Q 已存在。
操作结果：若队列 Q 为空队列，则返回 TRUE，否则返回 FALSE。
求队列的长度：
QueueLength(Q)
初始条件：队列 Q 已存在。
操作结果：返回队列 Q 的元素个数，即队列的长度。
获得队头元素：
GetHead(Q, &e)
初始条件：队列 Q 为非空队列。
操作结果：用元素 e 返回队列 Q 的队头元素。

如图 6.1 所示，获得队头元素后，将 a_1 的值返回。注意，a_1 本身还在队列中。

图 6.1
获得队头元素

清空队列：
ClearQueue(&Q)
初始条件：队列 Q 已存在。
操作结果：将队列 Q 清为空队列。
插入操作：
EnQueue(&Q, e)
初始条件：队列 Q 已存在。

操作结果：插入元素 e 为队列 Q 的新的队尾元素。

如图 6.2 所示，元素 e 为队列 Q 的新的队尾元素。

图 6.2
插入元素 e

删除队头元素：
DeQueue(&Q, &e)
初始条件：队列 Q 为非空队列。
操作结果：删除队列 Q 的队头元素，并用元素 e 返回其值。

如图 6.3 所示，原队头元素 a_1 被删除，a_2 变成新的队头元素。

图 6.3
删除队头元素

6.2.3　生活中的队列

1. 微博故事

在 4.2.4 节中介绍了微博博主发布微博故事顺序的排列及查看的过程。现在我们就来继续关注微博故事的内容组织。

微博故事是不能长久保存的，它只能保存 24 小时，一旦超过 24 小时，微博故事就会自动消失。微博故事从发布到消失的过程，就是一个先发布、先消失的过程。因此，保存微博故事的这个结构就是一个队列。

在图 6.4 中，博主发布微博故事的顺序是 ABCDE，那么微博故事消失的顺序是什么呢？答案是先发布的先消失，因此微博故事消失的顺序也是 ABCDE。显然，这就是一个队列的结构。

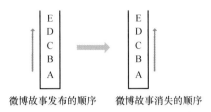

微博故事发布的顺序　　微博故事消失的顺序

图 6.4
微博故事发布和消失的顺序

2. 手机照片回收站

手机里删除的照片会被临时放到"最近删除"相册中，这个相册中只能存放一定数目的照片，当存放的被删除的照片多于这个临界值时，系统就会自动清理最早被删除的照片，也就是最先被删除的照片最先被清理。这个"最近删除"相册的结构也是一个队列。

6.3　舞伴组合问题求解

6.3.1　算法分析

首先要解决如何存储和表示舞伴的信息。舞伴组合时需要把男士和女士分别排成一队，可以用数组表示队列进行存储，可以用整数表示男士、女士舞伴标志信息。

舞伴组合问题的具体实现步骤如下：

（1）初始化男士、女士队列，并使用循环将所有男士和女士分别排入各自队列。

（2）每对舞伴跳完后需要继续等待，以便重新组合舞伴，符合先进先出的特点，因此使用队列模拟舞会进程。

（3）男士、女士分别出队列组成舞伴。

（4）判断舞会是否结束。若舞会没有结束，则跳完舞的舞伴进入队列继续排队等待组合，队列首部的男士、女士组成舞伴；若舞会结束，则不再进行队列操作。

（5）舞会结束。销毁队列释放空间。

6.3.2　算法设计

（1）初始化操作。假设有 m 位男士和 n 位女士组合舞伴，一次最多有 X 对舞伴同时跳舞且满足 $m>n>X$。初始化操作的算法流程图如图 6.5 所示。

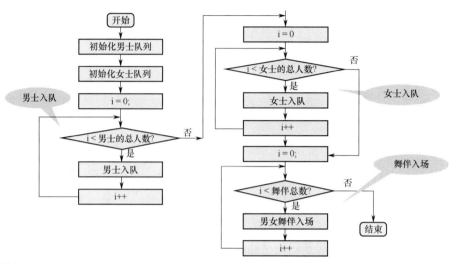

图 6.5

初始化操作的算法流程图

（2）舞伴组合处理的算法流程图如图 6.6 所示。

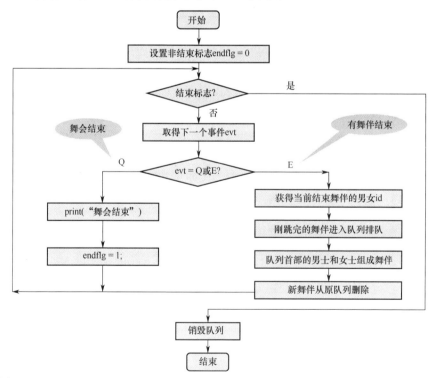

图 6.6

舞伴组合处理的算法流程图

6.3.3　算法设计

舞伴组合算法的参考代码如下。

```
void DancePartner(){
        //m 位男士和 n 位女士组合舞伴，一次最多有 X 对舞伴同时跳舞，满足 m>n>X
    Queue Qm,Qf;
    InitQueue(Qm,m);        //初始化男士队列
    InitQueue(Qf,n);        //初始化女士队列
    for(i=0;i<m;i++)
        EnQueue(Qm,i);        //男士入队列，入的是数组下标
    for(i=0;i<n;i++)
        EnQueue(Qf,i);        //女士入队列
    for(i=0;i<X;i++){
    printf("%s 和%s 组成舞伴。\n",M_name[mk],F_name[nk]);
    }
  while(!endflg){
        evt = getevent();    //取得下一个事件，E 表示有舞伴结束，Q 表示舞会
结束
        switch(evt){
            case 'E':            //有舞伴跳完，进入队列，新的组合进入舞池
                getcurid(mk,nk);    //获得当前结束舞伴的男女 id(数组下标)
                EnQueue(Qm,mk);    //刚跳完的舞伴进入队列排队
                EnQueue(Qf,nk);
                printf("%s 和%s 跳舞结束。\n",M_name[mk],F_name[nk]);
                DeQueue(Qm,mk);    //队列首部的男士和女士组成舞伴
                DeQueue(Qf,nk);
                printf("%s 和%s 组成舞伴,n",M_name[mk],F_name[nk]);
                break;
            case 'Q':
                printf("舞会结束! \n");
                endflg=1;
                break;
    }//switch
  }//while
  Destroy(Qm);Destroy(Qf);    //销毁队列
```

6.4 消息的加密和解密

6.4.1 问题描述

重复使用队列中的常量值，对消息进行加密和解密。即从队列中取出队头元素，称为 k 值，使用出队的 k 值参加消息的加密，将每个字符移动相应的 k 值的位置。假设 k 值为 3，则将加密的字符向后移动 3 个位置，如 a 替换为 d。已参与加密的 k 值重新放置到队尾，参与下一轮的加密。解密过程与加密过程类似，只需要将解密的字符向前移动对应的 k 值即可。

例如，对加密的消息"better life"，k 值队列为{6,2,5,8,9,3,6,2,5,8,9}。那么，字符 b 加密的结果为 b 后第 6 个字符 h，字符 e 加密后的结果为 e 后第 2 个字符 g，以此类推。注意，原始消息有一个位置是空格，也要把它看成一个字符。因为只有 6 个 k 值，所以用完后又再次循环使用。原始消息加上 k 值加密后，结果如表 6.1 所示。

表 6.1　加密结果

原始信息	b	e	t	t	e	r		L	i	f	e
k 值队列	6	2	5	8	9	3	6	2	5	8	9
加密后消息	h	g	y	|	n	u	&	n	n	n	n

6.4.2 问题分析

算法中的加密和解密过程可以使用队列实现，将 k 值放置到队列中。利用队列先进先出的特性，一个 k 值出队参与加密或者解密运算，再将该值放置到队尾，参与下一轮的加密或解密，这样就实现了重复使用 k 值的要求。

具体实现过程如下：

（1）首先创建 k 值队列，将常量值放置到队列中。

（2）加密时，队列中队头 k 值出队，将字符向后移动 k 值替换原字符，然后 k 值继续入队。

（3）解密时，队列中队头 k 值出队，将字符向前移动 k 值替换原字符，然后 k 值继续入队。

6.4.3 算法设计

通过分析得知，存放 k 值的结构是一个队列。由于加密操作和解密操作类似，因此这里只给出加密操作的算法流程图，如图 6.7 所示。

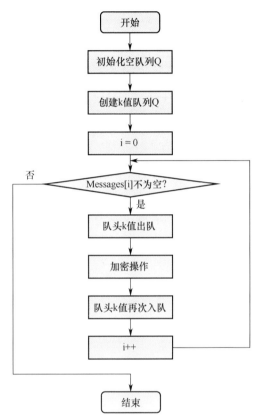

图 6.7
加密操作的算法流程图

首先初始化队列 Q，然后创建 k 值队列 Q。下面开始加密过程，从第 1 个元素开始，若取出来的信息不为空，则直接让队头 k 值出队，进行加密操作。加密后此 k 值再次入队，继续下一个字符的加密操作。重复此加密操作，直至接收到结束标记（用空字符表示），表示这段文字全部完成加密。

6.5 总结与思考

本章通过对舞伴组合问题的分析和解决方法的讨论，引出了重要的线性结构——队列，并对其基本知识进行了介绍。了解到队列是一种重要的数据结构，在算法设计中有着非常重要的作用，这种结构在我们日常工作和学习中会经常遇到。通过对消息加密和解密问题进行介绍和讨论，加深对队列的理解，了解在何种情况下应用队列。

思考题：

1. 举出生活、学习中遇到的队列问题，并尝试用算法加以描述。

2. 试利用循环队列编写求 k 阶斐波那契序列中前 $n+1$ 项$(f_0, f_1, \cdots, f_n)$的算法，要求满足：$f_n \leqslant \max$ 且 $f_{n+1} > \max$，其中 $\max$ 为某个约定的常数。（注意，本题所用循环队列的容量仅为 k，则在算法执行结束时，留在循环队列中的元素应是所求 k 阶斐波那契序列中的最后 k 项$(f_{n-k+1}, \cdots, f_n)$。）

3. 假设栈 S 和队列 Q 的初始状态均为空，元素 abcdefg 依次进入栈 S，若每个元素出栈后立即进入队列 Q 且 7 个元素的出队顺序是 bdcfeag，则栈 S 的容量至少是多少？

4. 银行业务处理模拟：顾客到银行后，取号机按照时间顺序给每个人发放一个号码，领到号码的顾客不用一直在柜台前排队，只需要等到柜台叫到自己的号码时，去该柜台办理相关业务即可。这样虽然办理业务的人多，但只要保证每个人都有号码，即使某个柜员临时离开，顾客的业务也还是可以办理的。试设计一个算法，实现上述银行取号排队功能。

第7章
爱的密码

本章主要内容包括如何传输"I LOVE YOU",树及二叉树基础知识介绍,哈夫曼树及其编码,哈夫曼树的应用:农夫锯木板问题,最后是本章内容的总结与思考。

7.1 如何传输"I LOVE YOU"

7.1.1 问题描述

在两个终端之间传输字符"I LOVE YOU",要求如下:

(1)传输的字符编码的总长度应尽可能短;

(2)任何一个字符的编码都不是同一个字符集中另一个字符的编码的前缀。

7.1.2 问题分析

下面对该问题进行分析:

（1）在传送电文时，希望字符编码总长度尽可能短。如果对字符集中每个字符设计长度不等的编码，并且让电文中出现次数较多的字符采用尽可能短的编码，那么传送电文的总长度便可缩短。

（2）采用前缀编码，即任何一个字符的编码都不是同一个字符集中另一个字符的编码的前缀。

如何实现上述要求呢？利用哈夫曼树可以构造一种不等长的二进制编码，构造所得编码满足上述两条要求。即所传电文的字符编码的总长度最短，并且任何一个字符的编码都不是同一个字符集中另一个字符编码的前缀。

7.2 树及二叉树

7.2.1 树的定义

树（Tree）是 n（$n \geq 0$）个节点的有限集。在任意一棵非空树中：

（1）有且仅有一个特定的称为根（Root）的节点。

（2）当 $n > 1$ 时，其余节点可分为 m（$m > 0$）个互不相交的有限集 $T_1, T_2, \cdots, T_m$，其中每一个集合本身又是一棵树，称为根的子树。

树的抽象数据类型的定义如下：

```
ADT Tree{
数据对象 D：具有相同特性的数据元素的集合。
数据关系 R：若 D 为空集，则 R 称为空树。若 D 仅含一个数据元素，则 R 称为空集，树
只有一个根节点；否则 R={H}，H 具有如下二元关系：
(1) 在 D 中存在唯一的称为根的数据元素 root，它在 H 下无前驱。
(2) 若 D-{root}≠∅，则存在 D-{root}的一个划分 D1, D2, …, Dm(m>0)，对任意 j≠k，
有 Di∩Dk=∅；对任意的 i，唯一存在数据元素 xi∈Di，并且有<root,xi>∈H。
(3) 对应于 D-{root}的划分，H-{<root,x1>,…,<root,xm>}有唯一的一个划分
H1,…,Hm(m>0)，对任意 j≠k，有 Hj∩Hk=∅，并且对任意的 i，Hi 是 Di 上的关系，(Di,{Hi})
是一棵符合原本定义的树，称为根的子树。
    }
```

从定义可以看出，树的定义是递归的。其中，D_i 是它的第 i 棵子树，x_i 是这棵子树的根。

对树的主要操作如下：

```
InitTree(&T)                    //初始化置空树
Root(T)                         //求树的根节点
Parent(T, cur_e)                //求当前节点的双亲节点
TreeEmpty(T)                    //判定树是否为空树
TreeDepth(T)                    //求树的深度
TraverseTree( T, Visit() )      //遍历
ClearTree(&T)                   //将树清空
```

一棵含有三棵子树的树示例，如图 7.1 所示。

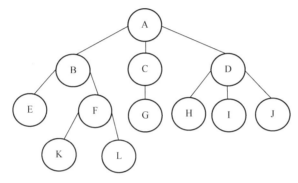

图 7.1
含有三棵子树的树示例

在日常工作和学习中也有很多树的应用例子。例如，Windows 的树形文件结构就是一个典型的树形结构，如图 7.2 所示。

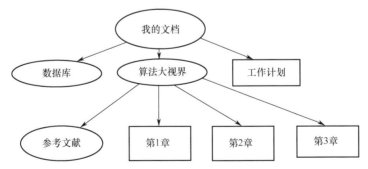

图 7.2
树形文件结构

在图 7.2 中，椭圆框代表文件夹，矩形框代表具体文件，整个文件目录结构就是一个树的结构。从"我的文档"开始，可以进入下一级文件夹"算法大视

界"，然后从"算法大视界"可以到达它里面的文件和每一个具体文件，如"参考文献""第1章"等。

下面讨论有关树的基本概念和术语。

（1）节点的度：节点拥有的子树的数目。

（2）树的度：树中所有节点的度的最大值。

（3）叶节点：度为零的节点。

（4）分支节点：度不为零的节点。

（5）节点的层次：假设根节点的层次为1，根的子树的根节点的层次为2。以此类推，第 L 层节点的子树的根节点的层次为 $L+1$。

（6）树的深度（高度）：树中叶节点所在的最大层次。

注意，树的度用来描述这棵树横向上的扩展情况，与树的深度结合起来，就可以知道一棵树的大概规模。

（7）森林：m（$m \geq 0$）棵互不相交的树的集合。

7.2.2 二叉树

1. 二叉树的定义

二叉树或是空树，或是由一个根节点加上两棵分别称为左子树和右子树的、互不相交的二叉树组成的。

图7.3是二叉树示意图。其中，A是根节点，B、C、D构成了它的左子树，E、F、G、H、K构成了它的右子树。

二叉树的抽象数据类型的定义如下：

```
ADT BinaryTree{
数据对象 D：具有相同特性的数据元素的集合。
数据关系 R：若 D=∅，则 R=∅，称为空二叉树；否则，R={H}，H 具有如下二元关系：
（1）在 D 中存在唯一的称为根的数据元素 root，它在 H 下无前驱。
（2）若 D-{root}≠∅，则存在 D-{root}={D₁, Dᵣ}，且 D₁∩Dᵣ=∅。
（3）若 D₁≠∅，则 D₁ 中存在唯一的元素 x₁，<root,x₁>∈H，且存在 D₁ 上的关系 H₁∈H；
```

若 $D_r \neq \emptyset$，则 D_r 中存在唯一的元素 x_r，$<root,x_r> \in H$，且存在 D_r 上的关系 $H_r \in H$；
$H=\{<root,x_1>,<root,x_r>,H_1,H_r\}$。

（4）$(D_1,\{H_1\})$ 是一棵符合本定义的二叉树，称为根的左子树，$(D_r,\{H_r\})$ 是一棵符合本定义的二叉树，称为根的右子树。

　　}

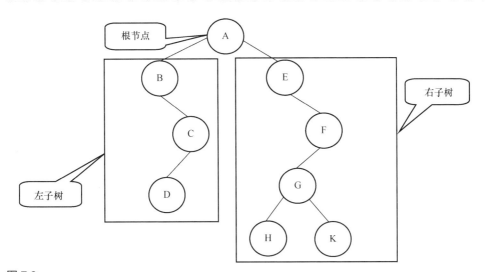

图 7.3
二叉树示意图

以上定义也是一个递归定义。要特别强调的是，在定义中左、右子树是有明确区分的。如果把左子树和右子树的位置互换，就变成另外一棵二叉树了。而在树的定义中，每一棵子树的位置是任意的，没有顺序要求。

从二叉树的定义可以看出，二叉树有 5 种基本形态，如图 7.4 所示。

二叉树的基本操作如下：

```
InitBiTree(&T);            //初始化置空二叉树
Root(T);                   //求二叉树的根节点
Parent(T, e);              //求当前节点的双亲节点
BiTreeEmpty(T);            //判定二叉树是否为空树
BiTreeDepth(T);            //求二叉树的深度
PreOrderTraverse(T, Visit());      //前序遍历二叉树
InOrderTraverse(T, Visit());       //中序遍历二叉树
PostOrderTraverse(T, Visit());     //后序遍历二叉树
```

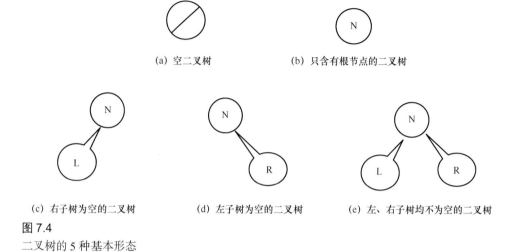

(a) 空二叉树   (b) 只含有根节点的二叉树

(c) 右子树为空的二叉树   (d) 左子树为空的二叉树   (e) 左、右子树均不为空的二叉树

图 7.4
二叉树的 5 种基本形态

关于二叉树的遍历操作将在本章后面进行介绍，其他操作在本章不做介绍。感兴趣的读者可以参考数据结构的相关教材。

2. 二叉树的性质

二叉树具有下列重要特性：

性质 1：在二叉树的第 i 层上至多有 2^{i-1} 个节点 （$i \geq 1$）。

性质 2：深度为 k 的二叉树上至多含 $2^k - 1$ 个节点（$k \geq 1$）。

性质 3：对任何一棵二叉树，若它含有 n_0 个叶节点、n_2 个度为 2 的节点，则必存在关系式：$n_0 = n_2 + 1$。

一棵深度为 k 且含有 $2^k - 1$ 个节点的二叉树称为满二叉树。图 7.5(a)是一棵深度为 4 的满二叉树，其特点是每一层上的节点数都是最大节点数。

对满二叉树的节点进行连续编号，约定编号从根节点开始，从上至下，从左至右。由此可以引出完全二叉树的定义。深度为 k 且含有 n 个节点的二叉树，当且仅当其每个节点都与深度为 k 的满二叉树中编号为 $1 \sim n$ 的节点一一对应时，称为完全二叉树，如图 7.5(b)所示。

满二叉树和完全二叉树是两种特殊形态的二叉树。

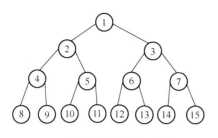 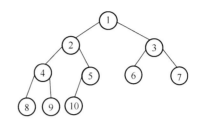

(a) 深度为4的满二叉树　　　　　　(b) 完全二叉树

图 7.5
两种特殊形态的二叉树

满二叉树和完全二叉树可以作为某些问题的处理工具。

性质 4：含有 n 个节点的完全二叉树的深度为 $\lfloor \log_2 n \rfloor + 1$。

性质 5：若对含有 n 个节点的完全二叉树从上至下且从左至右进行 $1 \sim n$ 的编号，则对完全二叉树中任意一个编号为 i 的节点：

（1）若 $i=1$，则该节点是二叉树的根，无双亲；否则，编号为 $\lfloor i/2 \rfloor$ 的节点为其双亲节点。

（2）若 $2i>n$，则该节点无左子树节点；否则，编号为 $2i$ 的节点为其左子树根节点。

（3）若 $2i+1>n$，则该节点无右子树节点；否则，编号为 $2i+1$ 的节点为其右子树根节点。

关于二叉树这 5 个性质的证明，在此省略。

3．二叉树的二叉链表存储结构

在二叉树的二叉链表存储结构中，每个节点结构如图 7.6 所示。其中，data 是它的信息域，lchild 和 rchild 是两个指针，分别指向它的左子树和右子树的根节点，即指向其左、右子节点。

lchild	data	rchild

图 7.6
二叉树的二叉链表的节点结构

图 7.7(a)中二叉树对应的存储结构如图 7.7(b)所示。root 为指向根节点的指针。

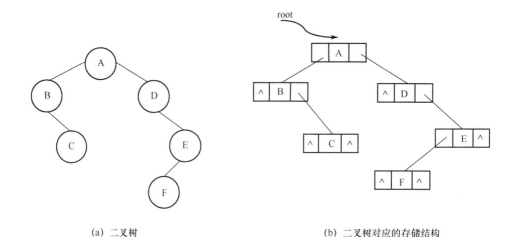

(a) 二叉树　　　　　　　　　(b) 二叉树对应的存储结构

图 7.7
二叉树存储结构示例

C 语言对二叉树类型的描述如下：

```
typedef struct BiTNode { //节点结构
    TElemType data;
    struct BiTNode *lchild, *rchild; //左、右子树指针
} BiTNode, *BiTree;
```

4．二叉树的遍历

二叉树的遍历就是顺着某一条搜索路径访问二叉树中的节点，使得每个节点均被访问一次，而且仅被访问一次。

"访问"的含义可以很广泛，如输出节点的信息等。由于二叉树是一种非线性结构，因此要实现对二叉树的遍历，就需要遵循一定的规律。

二叉树由三个基本单元组成：根节点、左子树和右子树。假设由 L、D、R 分别表示遍历左子树、访问根节点、遍历右子树。若规定在遍历过程中，始终保持左子树节点在右子树节点之前，则有三种情况：DLR、LDR、LRD，分别称为先序（根）遍历、中序（根）遍历、后序（根）遍历。其定义如下：

先序遍历（DLR）时，若二叉树为空树，则空操作；否则，

（1）访问根节点。

（2）先序遍历左子树（递归）。

（3）先序遍历右子树（递归）。

中序的遍历（LDR）时，若二叉树为空树，则空操作；否则，

（1）中序遍历左子树（递归）。

（2）访问根节点。

（3）中序遍历右子树（递归）。

后序的遍历（LRD）时，若二叉树为空树，则空操作；否则，

（1）后序遍历左子树（递归）。

（2）后序遍历右子树（递归）。

（3）访问根节点。

由此可以看出三种顺序的遍历定义都是递归定义的。按上述遍历定义，对图 7.8 所示二叉树进行各种遍历，得到的遍历结果如下：

前序遍历结果：A B C D E F G H K

中序遍历结果：B D C A E H G K F

后序遍历结果：D C B H K G F E A

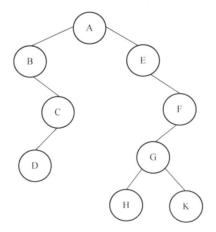

图 7.8

二叉树示例

从三种不同的遍历结果可以看出，对于前序遍历序列，第一个输出的结果肯定是二叉树的根节点。对于中序遍历序列，如果 A 是根节点，那么在它前面的节

点肯定是其左子树的节点，而在它右边的节点肯定是其右子树的节点。也就是说，当给定一棵二叉树时，可以求出它的前序遍历序列、中序遍历序列和后序遍历序列。反之，如果给定一个二叉树的前序遍历序列，就可以求出它的根节点（序列的第一个节点）；如果给定二叉树的中序遍历序列，通过根节点就可以知道哪些节点属于它的左子树，哪些节点属于它的右子树，并由此构造出该二叉树。所以，如果同时给定一棵二叉树的前序遍历序列和中序遍历序列，就可以把二叉树再构造出来，而且是唯一的。同理，如果同时给定一棵二叉树的后序遍历序列和中序遍历序列，也可以把二叉树再构造出来。

下面是二叉树前序遍历的一个递归算法：

```
Status PreOrderTraverse(BiTree T, Status(*Visit)(TElemType)){
//采用二叉链表存储结构，先序遍历二叉树 T 的递归算法
//对每个节点调用函数 Visit
if (T) {
    Visit(T->data );
    if (PreOrderTraverse(T->lchild, Visit));
    if (PreOrderTraverse(T->rchild, Visit));
}
}//PreOrderTraverse
```

7.3 哈夫曼树及哈夫曼编码

7.3.1 哈夫曼树

哈夫曼（Huffman）树，又称最优树，是一类带权路径长度最短的树，它有广泛的应用。在讨论哈夫曼树之前，首先给出有关概念的介绍。

路径和路径长度：从树中一个节点到另一个节点之间的分支，构成了这两个节点之间的路径，路径上的分支数目称为路径长度。**树的路径长度**：从树根到每个节点的路径长度之和。**节点的带权路径长度**：从该节点到树根之间的路径长度与节点上权值的乘积。**树的带权路径长度（WPL）**：树中所有叶节点的带权路径长度之和。WPL 通常记作：

$$\mathrm{WPL} = \sum_{k=1}^{n} w_k l_k$$

式中，w_k 为叶节点对应的权值，l_k 为叶节点的路径长度。

在如图 7.9 所示的例子中，两棵不同的二叉树，其叶节点对应的权值相同，但由于叶节点的位置不同，因此它们的带权路径长度之和也就不同。

图 7.9(a)中，WPL(T)=7×2+5×2+2×3+4×3+9×2=60。

图 7.9(b)中，WPL(T)=7×4+9×4+5×3+4×2+2×1=89。

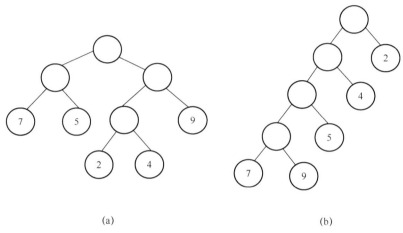

(a)　　　　　　　　　　　　　(b)

图 7.9
具有不同带权路径长度的二叉树

这里的权值有什么含义呢？权值不是这个节点自身的值，它代表了某一种属性。例如，要查找该叶节点的概率，或者查找叶节点的次数等。由此可以看出，权值对应的叶节点所处的位置不同，其 WPL 的差别就会很大。在所有含 n 个叶节点并带相同权值的 m 叉树中，必存在一棵其带权路径长度为最小值的树，称为"最优树"。

假设有 n 个权值 $\{W_1, W_2, \cdots, W_n\}$，试构造一棵含有 n 个叶节点的二叉树，每个叶节点的权值为 W_i，则其中带权路径长度 WPL 最小的二叉树称为最优二叉树或哈夫曼树。如何构造最优二叉树？哈夫曼最早给出了一个带有一般规律的算法，俗称哈夫曼算法。

哈夫曼算法：

（1）根据给定的 n 个权值 $\{W_1, W_2, \cdots, W_n\}$，构造 n 棵二叉树的集合 $F=\{T_1, T_2, \cdots, T_n\}$，其中每棵二叉树 T_i 中均只含有一个带权值为 W_i 的根节点，其

左、右子树为空树。

（2）在集合 F 中选取其根节点的权值最小的两棵二叉树，分别作为左、右子树构造一棵新的二叉树，并设置这棵新的二叉树根节点的权值为其左、右子树根节点的权值之和。

（3）从集合 F 中删除这两棵树，同时加入刚生成的新二叉树。

（4）重复步骤（2）和（3），直至集合 F 中只含一棵树为止。这棵树便是哈夫曼树。

例如，已知权值 W={ 5, 6, 2, 9, 7 }，现在构造哈夫曼树，其构造过程如图 7.10 所示。

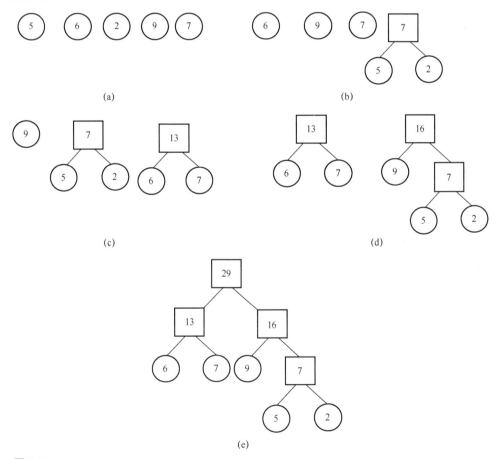

图 7.10

哈夫曼树构造过程

7.3.2 哈夫曼编码

对于 7.1.1 节的如何传输 "I LOVE YOU"，可以利用哈夫曼树构造一种不等长的二进制编码，并且构造所得的哈夫曼编码是一种最优前缀编码，使所传电文字符的编码总长度最短。

在哈夫曼树构造过程中，叶节点代表字符集，其权值代表该字符在电文中出现的概率（次数）。对分支进行编码，左分支为 0，右分支为 1，则从根节点到叶节点的路径上的 0、1 序列就是该叶节点所对应字符的编码。

对图 7.10 所示哈夫曼树按此规则进行编码，结果如图 7.11 所示。其字符对应的哈夫曼编码（从左至右）分别为 00、01、10、110、111。

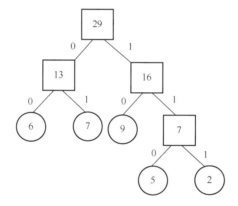

图 7.11
哈夫曼编码

可以看出，按此规则进行编码：

（1）出现次数越多的字符，离根节点越近，其编码越短，从而可以使传输的字符编码总长度尽可能短。

（2）任何一个字符的编码都不会是同一个字符集中另一个字符的编码的前缀（因为编码的终端都在叶节点，如果一个字符的编码是另一个字符的编码的前缀，那么这个字符的编码就与它是叶节点矛盾）。

如今进入网络时代，信息传输已成常态。在各种信息传输中，在传输数据量少的同时满足前缀码，是信息传输的基本要求。因此，很多字符编码系统仍然采用哈夫曼编码，它还在发挥着巨大的作用。

7.3.3 传输"I LOVE YOU"的解决方案

1. 问题分析

在两个终端之间传输"I LOVE YOU",实际上就是一个编码和译码问题,即发送端对字符进行编码、传输,而接收端对接收到的编码进行译码。问题解决可采用哈夫曼编码方案。

2. 算法分析

假设:已知字符集 letter,字符编码 code。

(1)传输处理。

① 输入字符串"I LOVE YOU"。

② 将字符串中的字符按编码集中的字符编码顺序进行编码。

③ 传输编码。

发送端编码、传输处理的算法流程图如图 7.12 所示。其中 char 表示要传输的字符串,str 表示编码后要传输的字符串。

编码传输的参考代码如下所示。

```
typedef struct {
    char data;    //节点字符
    int weight;   //权值
    int parent;   //双亲节点
    int lchild;   //左子树节点
    int rchild;   //右子树节点
}HTNode
typedef struct {
    char code[N];  //存放哈夫曼码
    int start;        //从 start 开始读 code 中的哈夫曼码
}HCode;
void editHCode(HTNode ht[],HCode hcd[],int n,char str[]){
//编码函数
int i,j;
printf("\n 输出编码结果:\n");
```

```
    for (i=0 ; i<MAX ; i++)   //判断是否是结束符
      for (j=0 ; j<n ; j++)   //与 code 编码集对比查找
        if(str[i]==ht[j].data)
//循环查找与输入字符相同的编号，相同的就输出这个字符的编码
        {
              printf("%c", code[j]); //输出 code[j]
              str=str+code[j];
        }
      printf("\n");
}         //MAX 为输入字符串的长度，n 为 code 的个数
```

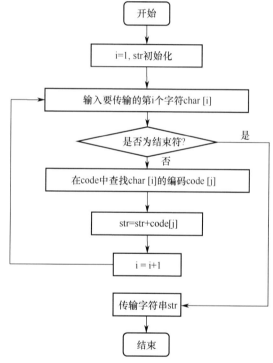

图 7.12

发送端编码、传输处理的算法流程图

（2）译码处理。

用二叉树作为前缀码的数据结构：树叶表示给定字符，从树根到树叶的路径上的序列 0、序列 1 作为该字符的前缀码，代码中的每一位 0 或 1 分别作为指示某节点到左子树或右子树的"路标"，即接收到 0，往左子树转，接收到 1，往右

子树转。输入一串以哈夫曼编码方式编码的字符串，从根节点出发走向叶节点，到达叶节点后输出该节点对应的字符。然后回到根节点，继续读取编码串，进行下一个字符译码，直至结束。

译码算法流程图如图 7.13 所示。可以看出，译码和编码正好是一个对应的过程。

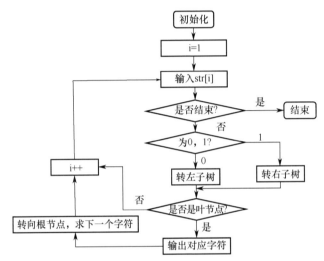

图 7.13
译码算法流程图

译码算法的参考代码如下所示。

```c
void decode(haftree ht){
    char str[100];
    gets(str);
    j=m;  //哈夫曼树根节点所在位置
    i=0;
    while(str[i]!='\0'){ //遍历字符数组/编码串
        if(str[i]=='0')
        j=ht[j]->lchild;//转向左子树
        else
        j=ht[j]->rchild;//转向右子树
        if(ht[j]->lchild==NULL){
            //判断该节点是否为叶节点
            printf("%c",ht[j]->data);
            //若是，则输出，并返回根节点
```

```
        j=m;
        }
    i++;
    //无论是否找到叶节点都读取下一个编码串字符
    }
}
```

7.4　农夫锯木板问题

7.4.1　问题描述

一位农夫要把一块木板锯成几块给定长度的小木板，规定只能从头开始锯木板（即不能从中间切断截取木板）。每次锯木板都要收取一定费用，费用就是当前锯木板的长度。给定各个要求的小木板的长度及小木板的个数 n，求最低费用。

以 n=3，长度为 8、5、8 为例。首先，将木板上锯下长度为 21 的木板，花费 21元；其次，从长度为 21cm 的木板上锯下长度为 5cm 的木板，花费 5 元；最后，从长度为 16cm 的木板上锯下长度为 8cm 的木板，花费 8 元。总花费为 21+5+8= 34 元。

7.4.2　算法分析

本题求给定木板长度的最低费用，相当于依据木板长度构造最优二叉树，即使用哈夫曼算法，可以很好地解决问题。

（1）首先给定输入的小木板个数和各个小木板的长度。

（2）对小木板的长度进行升序排序，并选取值最小的两个元素进行计算。

（3）两个元素的和赋值给 w[p]，然后后移元素并重复步骤，直到最终计算结束。

7.4.3　算法设计

农夫锯木板问题的算法的参考代码如下所示。

```
int cmp(const void* a,const void* b){
    Return *(int*)a-*(int*)b;}
Int main(int p){
```

```
   Int n;
   while(cin>>n)
{__int64* w=new __int64[2*n]; //每块木板的价值
       for(int i=0;i<2*n;i++)
       w[i]=inf;
       for(p=0;p<n;p++)
           scanf("%I64d",&w[p]);
       int mincost=0;
        while(true)
        {
            qsort(w,2*n,sizeof(__int64),cmp);
            if(w[1]==inf)
                break;
            w[p]=w[0]+w[1];
            w[0]=w[1]=inf;
            mincost+=w[p++];
        }
       cout<<mincost<<endl;
       delete w;
   }
   return 0;
}
```

7.5　总结与思考

　　本章通过如何传输"I LOVE YOU"的问题，引入树及二叉树的概念，了解了二叉树的概念、性质及存储结构，掌握了二叉树的遍历操作。通过最优二叉树的概念及特性的学习，了解了哈夫曼算法及编码，以及如何构造最优二叉树的方法，最后通过木板问题加深了对此内容的理解。

　　思考题：

1. 举出生活、学习中遇到的类似问题，并尝试用算法加以描述。

2. 在一次考试中，某门课程的各分数段的分布情况如下：

分数	0～59	60～69	70～79	80～89	90～100
比例	0.05	0.15	0.40	0.30	0.10

如何组织数据建立查找表，使得此查找表在查找每个分数段的学生比例时平均查找长度最短？

3. 某通信系统有 10 种字符：f、d、c、a、g、+、e、x、y、z，其出现的概率百分比分别为：8、7、10、19、12、16、15、3、6、4。

（1）构造哈夫曼树（要求所有节点左子树的权值不大于右子树的权值）；

（2）据此设计出各个字符的哈夫曼编码；

（3）译出下列报文：1011101011110111100001001101111110100011011111011 01000。

第 8 章
众里寻他千百度

■ ■ ■

本章的主要内容包括微信通讯录、动态查找表和哈希表，以及动态查找表的应用——电话通讯录的实现，最后是对本章内容的总结与思考。

8.1　微信通讯录

目前，随着微信功能的日趋丰富和完善，微信已成为人们日常生活、工作中最常用的交流工具之一。在微信通讯录中经常使用的操作包括：

（1）查找：在微信通讯录中查找某个朋友的微信。

（2）添加：将新朋友的微信加入到微信通讯录中。

（3）删除：将不再联系的朋友微信从微信通讯录中删除。

8.2　动态查找表

微信通讯录这种查找表属于动态查找表。下面对这类动态查找表进行简单的介绍。

定义：在查询后，需要将查询结果为"不在查找表中"的数据元素插入到查找表中，或者从查找表中删除某个数据元素。这类查找表称为动态查找表。

常用的动态查找表有如下 3 种。

（1）二叉排序树。

（2）平衡二叉树，也称为 AVL 树。

（3）B−树和 B+树。

另外，还有一种特殊的动态查找表：哈希表（也称为散列表）。

下面分别对这几种动态查找表进行简单的介绍。

8.2.1　二叉排序树

1. 二叉排序树的定义

二叉排序树或是一棵空树，或是具有如下特性的二叉树。

（1）若它的左子树不为空，则其左子树上所有节点的关键字均小于根节点的关键字。

（2）若它的右子树不为空，则其右子树上所有节点的关键字均大于根节点的关键字。

（3）它的左、右子树也都是二叉排序树。

从定义可以看出，二叉排序树的定义是一个递归过程。根据二叉树的中序遍历定义，如果对二叉排序树进行中序遍历，那么得到的节点序列恰好是按递增顺序排列的，这也是判断一棵二叉树是否是二叉排序树的方法之一。图 8.1 就是一棵二叉排序树。

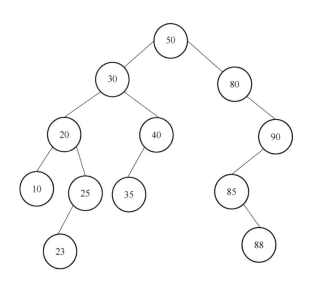

图 8.1

一棵二叉排序树

通常，选择二叉链表作为二叉排序树的存储结构，其结构定义如下所示。

```
typedef struct BiTNode{  //节点结构
  TElemType data;
  struct BiTNode *lchild, *rchild;  //左、右子树指针
}BiTNode, *BiTree;
```

2. 二叉排序树的查找

下面讨论二叉排序树的查找过程。

若二叉排序树为空，则查找失败；否则

（1）若给定值等于根节点的关键字，则查找成功。

（2）若给定值小于根节点的关键字，则继续在左子树上进行查找。

（3）若给定值大于根节点的关键字，则继续在右子树上进行查找。

二叉排序树的查找过程也是一个递归的过程。例如，在如图 8.1 所示的二叉排序树中查找关键字 50、35、90、95，其查找过程及路径分别如图 8.2(a) ~ 图 8.2(d) 所示。其中，图 8.2(d) 表示查找关键字 95 失败。

从上述查找过程可知，在查找过程中，生成了一条查找路径，查找路径有如下两个结果。

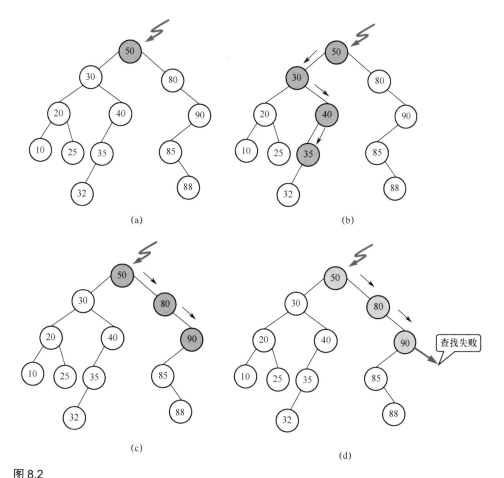

图 8.2
二叉排序树的查找过程及路径

（1）查找成功：从根节点出发，沿着左子树或右子树逐层向下直至根节点的关键字等于给定值。如查找关键字 35 和 90。

（2）查找失败：从根节点出发，沿着左子树或右子树逐层向下直至指针指向空树为止。查找关键字 95 就是一个查找失败的例子。

图 8.3 是二叉排序树查找过程的算法流程图。其中，根据指针 T 指向待查找树的根节点，key 为待查找的关键字。

二叉排序树查找算法的参考代码如下。

```
Status SearchBST (BiTree T, KeyType key) {
/*在根指针 T 所指二叉排序树中递归地查找其关键字等于 key 的数据元素，若查找成
```

功，则返回指向该数据元素的节点指针，否则返回空指针*/

```
  if (!T)||EQ(key, T->data.key) return TRUE;    //查找结束
  Else if (LT(key, T->data.key))
              Return (SearchBST (T->lchild, key));//在左子树中继续查找
    else return (SearchBST(T->rchild, key));//在右子树中继续查找
}//SearchBST
```

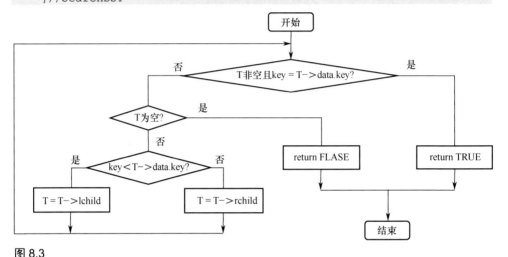

图 8.3
二叉排序树查找过程的算法流程图

3. 二叉排序树的插入

根据动态查找表的定义，插入操作是在查找失败时才进行的。

若二叉排序树为空树，则新插入的节点为根节点；否则，新插入的节点必为一个新的叶节点，其插入位置在查找过程中得到。为此，需要将前面的二叉排序树的查找算法改写，以便在查找失败时返回相应的插入位置。

修改后的查找算法的参考代码如下。

```
Status SearchBST (BiTree T, KeyType key, BiTree f, BiTree &p)
/*在根指针 T 所指二叉排序树中递归地查找其关键字等于 key 的数据元素，若查找成功，则返回指针 p 指向该数据元素的节点，并返回 TRUE；否则表明查找失败，返回指针 p 指向查找路径上访问的最后一个节点，并返回 FALSE。指针 f 指向当前访问节点的双亲节点，其初值为 NULL*/
{if (!T)
    {p=f;return FALSE;}//查找失败
else if (EQ(key,T->data.key))
```

```
    {p=T;return TRUE;}//查找成功
else if (LT(key, T->data.key))
    SearchBST (T->lchild,key,T,p);//在左子树中继续查找
else
    SearchBST (T->rchild,key,T,p);//在右子树中继续查找
}// SearchBST
```

在此算法中，若查找成功，则返回指针 p 指向该数据元素的节点，并返回 TRUE；若查找失败，则返回指针 p 指向查找路径上访问的最后一个节点，并返回 FALSE，即新插入的节点作为指针 p 的子节点。

如图 8.4 所示，若现在查找关键字 48，则根指针 T 的初值指向根节点，指针 f 指向根指针 T 的双亲节点，且初值为 NULL。二叉排序树的查找过程及各变量变化情况如图 8.4(a) ~ 图 8.4(d)所示。指针 p 最后指向关键字 40 所在的节点，即查找路径上访问的最后一个节点。若插入关键字 48，则其应该作为指针 p 所指节点的子节点。

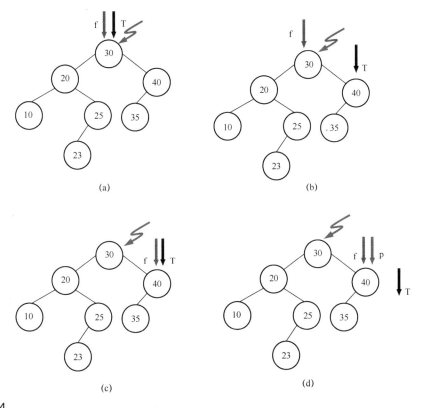

图 8.4
二叉排序树的查找过程及各变量变化情况

有了修改后的查找算法，对二叉排序树进行插入操作就非常简单了。只需在查找失败后，将新插入的节点插入到指针 p 所指节点的下一个节点即可。

插入操作算法的参考代码如下。

```
Status InsertBST(BiTree &T, ElemType e){
/*当二叉排序树中不存在关键字等于 e.key 的数据元素时，插入 e 并返回 TRUE；否则，
返回 FALSE*/
    if (!SearchBST (T, e.key, NULL, p))
    {   s=(BiTree) malloc (sizeof (BiTNode));  //为新节点分配空间
        s->data=e;
        s->lchild=s->rchild=NULL;
        if (!p) T=s;  //插入 s 为新的根节点
        else if (LT(e.key, p->data.key))
                p->lchild=s;  //插入*s 为*p 的左子树
        else p->rchild=s;  //插入*s 为*p 的右子树
        return TRUE;  //插入成功
    }
    else return FALSE;
} // Insert BST
```

若从空树开始，则经过一系列查找和插入操作，可生成一棵二叉排序树。现在假设查找的关键字序列为{45,24,53,45,12,24,90}，则生成的二叉排序树的过程如图 8.5 所示。

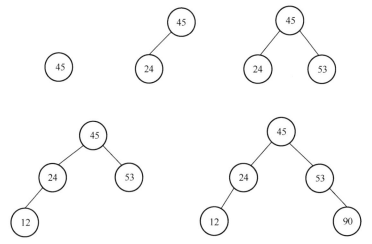

图 8.5
生成的二叉排序树的过程

整个过程需要注意以下两点：第一，若二叉排序树中没有要查找的数据，则需要插入数据；第二，二叉排序树的形状取决于插入数据的顺序。这就会产生一个问题，如果这个数据的插入顺序不合理，那么构造的二叉排序树的形状可能也会不合理。此问题会在平衡二叉树的构造中予以解决。

4．二叉排序树的删除

与插入操作相反，二叉排序树的删除操作是在查找成功后进行的，并且要求在删除某个节点后，仍然保持二叉排序树的特性。设*p 为被删除节点，其双亲节点为*f，且不失一般性，设*p 为*f 的左子树。上述操作可分以下三种情况。

（1）若*p 节点是叶节点，这是最简单的情况，可以将*p 直接删除，只修改其双亲节点*f 的指针即可。

（2）若*p 节点只有左子树或只有右子树，这种情况也比较简单，只要将其左子树或右子树直接变成其双亲节点*f 的左子树即可。

（3）若*p 节点既有左子树，又有右子树，则可以将该节点与其左子树中最大的节点（也是它所在序列中的直接前驱）交换位置，这样就变成前面两种情况之一。也可以将*p 节点与其右子树中最小的节点交换位置，同样也可以变成上面两种情况之一。

8.2.2　平衡二叉树

平衡二叉树又称 AVL 树，是二叉排序树的另一种形式。

1．平衡二叉树的定义

平衡二叉树或是一棵空树，或是具有如下性质的二叉树：它的左子树和右子树都是平衡二叉树，并且左子树和右子树的深度之差的绝对值不超过 1。

2．平衡二叉树的特点

平衡二叉树中，每个节点的左、右子树的深度之差的绝对值不超过 1，即

$$|h_L - h_R| \leq 1$$

前面介绍二叉排序树时提到，由于二叉排序树的形状取决于数据的插入顺序，

因此，如果数据的插入顺序不合理，那么所构造的二叉排序树的形状可能也会不合理，导致平均查找长度过长，此时利用平衡二叉树可以改变这个状况，图 8.6 是一棵平衡二叉树。

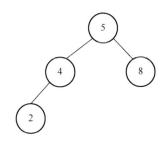

图 8.6
一棵平衡二叉树

3. 平衡二叉树的查找及构造

实际上，平衡二叉树是二叉排序树的一种特殊形式，因此平衡二叉树与二叉排序树的查找过程相同。

构造平衡二叉树的方法是：在插入过程中，采用平衡旋转技术。一般情况下，假设在二叉排序树上插入节点而失去平衡的最小子树根节点的指针为 A（即 A 是距离新插入的节点最近且平衡因子绝对值超过 1 的祖先节点），则失去平衡后进行调整的规律可归纳为 4 种情况：LL 型、LR 型、RR 型、LR 型。调整的具体方法，读者可参考其他相关参考书。

下面通过实例说明平衡二叉树的插入及调整过程。

例如，从一棵空二叉树开始，依次插入关键字 5, 4, 2, 8, 6, 9，构造一棵平衡二叉树。平衡二叉树的插入及调整过程如图 8.7 所示。

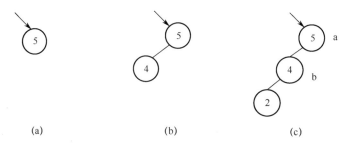

图 8.7
平衡二叉树的插入及调整过程

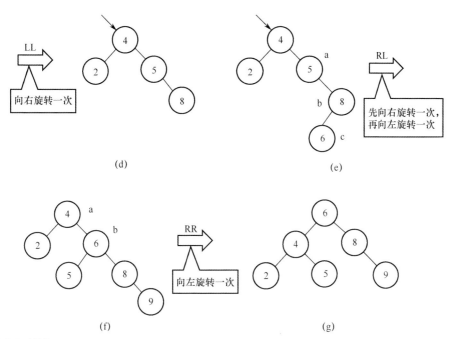

图 8.7（续）

平衡二叉树的插入及调整过程

8.2.3 B-树和 B+树

B-树和 B+树，统称为 B 树。B 树是一类重要且用途非常广泛的动态查找表。

1. B-树

B-树是一种平衡的多路查找树。许多数据库的文件索引部分都采用 B-树结构。微信所使用的 SQLite 数据库的索引结构就是 B-树结构。

B-树的定义：对于一棵 m 阶的 B-树，或是空树，或是满足下列特性的 m 叉树，即

（1）所有非叶节点均至少含有 $\lceil m/2 \rceil$ 棵子树，至多含有 m 棵子树。

（2）根节点或是叶节点，或至少含有两棵子树。

（3）所有非终端节点均含有下列信息数据：

$$(n, A_0, K_1, A_1, K_2, A_2, \cdots, K_n, A_n)$$

其中，K_i 为关键字，其从小到大有序排列，即 $K_1<K_2<\cdots<K_n$。

A_i 为指向子树根节点的指针，指针 A_{i-1} 所指子树上的所有关键字均小于 K_i，A_n 所指子树上的所有关键字均大于 K_n。

（4）B–树中所有叶节点均不含信息，并且在 B–树中的同一层上。

图 8.8 是一棵 4 阶 B–树，所有非叶节点均至少含有 2 棵子树，至多含有 4 棵子树。

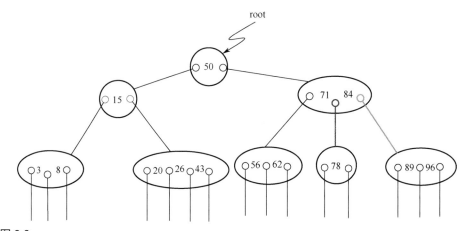

图 8.8
4 阶 B–树

B–树的查找过程：从根节点出发，沿指针搜索节点和在节点内进行顺序（或折半）查找这两个过程交叉进行。若查找成功，则返回指向被查找关键字所在节点的指针和关键字所在节点中的位置；若查找失败，则返回插入位置。所以 B–树的查找过程就是从根节点开始，从上至下确定该关键字所在的节点，从左至右确定它在这个节点内部的位置。

B–树的插入过程：在查找失败后，需要插入关键字。显然，关键字插入的位置必定是最下层的非叶节点位置，要根据插入后的节点情况分别处理。

（1）插入关键字后，该节点的关键字个数为 $n<m$，不修改指针。

图 8.9(a)为一棵 3 阶 B–树，现在要插入关键字 60。插入后的结果如图 8.9(b)所示。

（2）原来的关键字个数已经达到了上限，现在插入关键字后，该节点的关键

字个数为 $n=m$，需要进行节点分裂。令 $s=\lceil m/2 \rceil$，在原节点中保留 $(A_0,K_1,\cdots,K_{s-1}, A_{s-1})$，并建立新节点 $(A_s,K_{s+1},\cdots,K_n,A_n)$，将 (K_s,p) 插入双亲节点。

在图 8.9(b) 的 3 阶 B-树的基础上，插入关键字 90，其结果如图 8.9(c) 所示。注意，若双亲节点为空，则需建立新的根节点。

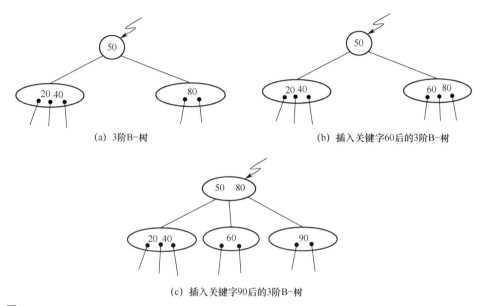

(a) 3阶B-树　　　　　　　　(b) 插入关键字60后的3阶B-树

(c) 插入关键字90后的3阶B-树

图 8.9
3 阶 B-树的插入操作

B-树的删除过程与其插入过程相反，首先必须找到待删关键字所在的节点，并且在要求删除后，该节点中关键字的个数不能小于 $\lceil m/2 \rceil-1$。若删除后该节点中的关键字的个数小于 $\lceil m/2 \rceil-1$，则要从其左（或右）兄弟节点"借调"关键字；若其左兄弟和右兄弟节点中的关键字的个数均达到下限，无关键字可借，则必须进行节点的"合并"。

若所删关键字为非终端节点中的 K_i，则可以用指针 A_i 所指子树中的最小关键字 Y 替代 K_i，然后在相应的节点中删除 Y。

2．B+树

B+树是 B-树的一种变形，其结构特点如下。

（1）每个叶节点中均含有 n 个关键字和 n 个指向记录的指针。并且，所有叶节点彼此相连构成一个有序链表，其头指针指向含有最小关键字的节点。

（2）每个非叶节点中的关键字 K_i 即为其相应指针 A_i 所指子树中关键字的最大值。

（3）所有叶节点都处在同一层上，每个叶节点中的关键字的个数均介于 $\lceil m/2 \rceil \sim m$ 之间。

图 8.10 是一棵 4 阶 B+树。

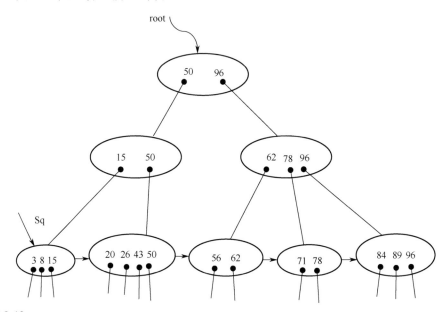

图 8.10
一棵 4 阶 B+树

关于 B+树的详细内容，这里不再介绍，有兴趣的读者可以自行学习。

8.3 哈希表

8.3.1 哈希表的定义

前面讨论的各种查找表结构的共同特点是记录在表中的存储位置和其关键字之间不存在确定的关系。换句话说，即使给定一个关键字，却不能根据关键字直接计算出其对应记录在表中的存储位置。所以查找的过程为：将给定值依次与关键字集合中的各个关键字进行比较，查找的效率取决于与给定值进行比较的关键字个数。对于频繁使用的查找表，我们希望 ASL（平均查找长度）=0。解决的办法是若预先知道所查关键字在表中的存储位置，即记录在表中的存储位置和其关键字之间存在一种确定的关系，则查找效率会提高。

一般情况下，需要在关键字 key 与记录在表中的存储位置之间建立一个函数关系 f，以 f(key)作为关键字 key 的记录在表中的位置，通常函数 f(key)称为哈希函数（散列函数）。

例 8-1　某校为每年招收的 1000 名新生建立一张查找表，其关键字为学号，其值的范围为 xx000 ~ xx999（前两位为入学年份）。

若以下标为 000 ~ 999 的顺序表表示该查找表，则查找过程可以简单进行，即取给定值（学号）的后三位，不需要经过比较便可直接从表中找到待查的关键字。

例 8-2　对于 9 个关键字{Zhao, Qian, Sun, Li, Wu, Chen, Han, Ye, Dei}，设哈希函数为

$$f(\text{key}) = \left\lfloor (\text{Ord}（第一个字母）- \text{Ord('A')} + 1) / 2 \right\rfloor$$

以下标为 0 ~ 13 的顺序表存储，所构造的哈希表如表 8.1 所示。

表 8.1　哈希表

0	1	2	3	4	5	6	7	8	9	10	11	12	13
	Chen	Dei		Han		Li		Qian	Sun		Wu	Ye	Zhao

按照这个哈希函数来存放 9 个关键字，如果找到 Zhao，那么利用哈希函数可以计算出 Zhao 的位置。同理，其他关键字的查找也是如此。

在该例中涉及两个问题：第一，能否找到另一个哈希函数？答案是肯定的，只是存放结果不同而已；第二，如果添加关键字 Zhou，那么应该怎么办？如果出现了 Zhou 和 Zhao 要使用相同的存储位置，那么如何来解决这个问题？所以从这个例子可以看出：

（1）哈希函数是一个映象，即将关键字的集合映射到某个地址集合上，它的设置很灵活，只要这个地址集合的大小不超出允许范围即可。

（2）由于哈希函数是一个压缩映象，因此在一般情况下，很容易产生"冲突"现象，即 key1≠key2，而 f(key1)=f(key2)。具有相同函数值的关键字对该哈希函数来说称为同义词。

定义：根据设定的哈希函数 *H*(key)和所选中的处理冲突的方法，将一组关键字映象到一个有限的、地址连续的地址集（区间）上，并以关键字在地址集（区间）中的"象"作为相应记录在表中的存储位置，如此构造所得的查找表称为哈希表，也称为散列表。

哈希表有以下两个关键问题。

（1）如何构造哈希函数。

（2）如何解决冲突。

关于以上两个问题，学者们给出了很多方法，这里不再介绍。

8.3.2 哈希表的查找

哈希表的查找过程与建表过程一致。其查找过程为：对于给定值 K，计算哈希地址 i= H(K)，若 r[i]=NULL，则查找失败；若 r[i].key=K，则查找成功。否则求下一个地址 Hi（按解决冲突方法），直至 r[Hi]=NULL（查找失败），或者 r[Hi].key=K（查找成功）为止。

在从哈希表中删除记录时，要进行特殊处理，此时需要修改查找算法。

8.3.3 哈希表的应用

哈希表是一种查找（检索）效率较高的结构和方法，在查询海量数据时广泛使用。

（1）微信通讯录：采用哈希表结构，通过给定需要查询的关键字值（Key Value）进行快速查询。

（2）布隆过滤器（Bloom Filter）：是由巴顿布隆于 1970 年提出的一种空间效率很高的数据结构，它主要用来检测某个元素是否存在于一个海量数据集中，其核心也是哈希表结构。

8.4 电话通讯录的实现

8.4.1 问题描述

要求用二叉排序树作为动态查找结构，设计并实现一个电话通讯录。基本要求如下。

（1）实现电话通讯录数据的存储，每位联系人名下均可保存的信息包括：姓名、手机号码、办公电话号码、电子邮件。

（2）支持电话通讯录记录的添加、删除、编辑等操作。

（3）支持按姓名和手机号码查找。

8.4.2　问题分析

（1）本题要求应用二叉排序树构造电话通讯录，并进行具体查找，因此需要根据要求建立二叉排序树。

（2）需要提前定义电话通讯录的结构，包括姓名、手机号码、办公电话号码、电子邮件，以及二叉树的结构。

电话通讯录的结构如下。

```
typedef struct contact{
    char name[10];          //姓名
    char mobile[13];        //手机号码
    char tel[12];           //办公电话号码
    char mail[30];          //电子邮件
  }Contact;
```

二叉排序树节点结构如下。

```
typedef struct node{
    Contact people;
    struct node;
    *lchild,*rchild;
  }BTreeNode;
```

（3）实现在二叉排序树中进行查找、插入、删除、修改操作。

该问题处理过程就是对相应的二叉排序树进行查找、插入、删除、修改操作。电话通讯录实现的算法流程图如图 8.11 所示。具体处理过程不再介绍。

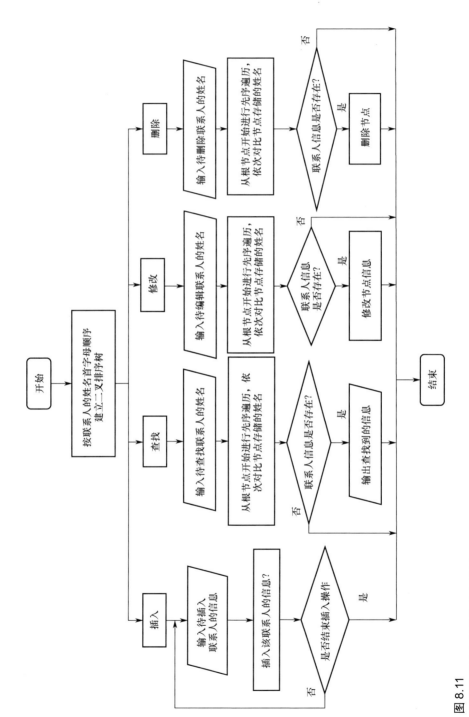

图 8.11
电话通讯录实现的算法流程图

依据算法流程图，该算法的参考代码如下。

```c
//A.定义结构和符号常量
typedef struct contact{
    char name[10];          //姓名
    char mobile[13];        //手机号码
    char tel[12];           //办公电话号码
    char mail[30];          //电子邮件
    }Contact;
typedef struct node{
    Contact people;
    struct node *lchild,*rchild;
}BTreeNode;
//B.生成二叉排序树算法
BTreeNode *CreateBST(Contact con[]){
    int i=0;
    BTreeNode *root;
    root=NULL;
    while(i<MAXSIZE){
    InsertBST(&root,&con[i]);
        i++;
    }
}
void InsertBST(BTreeNode &root,Contact &c){
//按联系人的姓名首字母顺序建立二叉排序树
    if(root==NULL) root->people=c;
        else if(strcmp(root->people->name,c->name > 0))
                    CreateBST(root->lchild,s);
        else CreateBST(root->rchild,s);
    }
//C.实现电话通讯录信息的查找和修改算法
BTreeNode *SearchBST(BTreeNode *T,char name){
    if(T==NULL) return F;
    if strcmp((name,T->people.name)==0)
        return "相关信息";
    if(strcmp(name,T->people.name)<0)
        return SearchBST(T->lchild,name);
    else
        return SearchBST(T->rchild,name);
```

```
}
void ChangeBST(BTreeNode *T,char name){
    int accept = 0;        //用于接收修改选项
    Char buff[20];         //存储修改的信息
  if(T!= NULL)
  { if(strcmp(name,T->people.name)==0){
        printf("请输入要修改的选项: \n");
        printf("1 修改姓名: \n");
        printf("2 修改手机号码: \n");
        printf("3 修改办公电话号码: \n");
        printf("4 修改电子邮件: \n");
        scanf("%d",&accept);
        switch(accept){
    case 1:{
        printf("请输入新的姓名: \n");
        scanf("%s",buff);
        T->people.name=buff;
        printf("修改成功!\n");
        break;
        }
    case 2:{
        printf("请输入新的手机号码: \n");
        scanf("%s",buff);
        T->people.mobile=buff;
        printf("修改成功!\n");
        break;
        }
    case 3:{
        printf("请输入新的办公电话号码: \n");
        scanf("%s",buff);
        T->people.tel=buff;
        printf("修改成功!\n");
        break;
        }
    case 4:{
        printf("请输入新的电子邮件: \n");
        scanf("%s",buff);
        T->people.mail=buff;
```

```
        printf("修改成功!\n");
        break;
        }
    }
    }
    }
    }
```

8.5　总结与思考

本章通过"微信通讯录"引出动态查找表的概念，对二叉排序树、平衡二叉树、B−树和 B+树，以及哈希表相关内容进行了简单介绍，并且通过具体例子了解动态查找表和哈希表的应用情况。最后通过对电话通讯录各种操作的实现，加深对相关知识的了解。

思考题：

1. 举出生活中常见的动态查找表的例子，并尝试用相关算法加以描述。

2. 为什么 B−树适用于 IO 系统？

3. 目前，大多数数据库及文件系统使用的索引结构是 B−树或其变种 B+树，在 MySQL 数据库中主要使用的是 B+树。B+树的查询时间与树的高度有关，其查询时间为 $\log(n)$，但是如果使用哈希表，那么其查询时间仅为 $O(1)$。结合所学知识，谈一谈为什么 MySQL 数据库采用 B+树作为存储索引？

第9章
城市互连

■ ■ ■

本章主要内容包括城市公路连接问题、图的基本知识及最小生成树的求解，城市公路连接问题的求解，以及最小生成树算法的应用：城市之间的通信线路网建设问题，最后是对本章内容的总结与思考。

9.1 城市公路连接问题

9.1.1 问题描述

某个城市与其他城市之间没有公路，通行非常困难。政府意识到了此问题，计划建造多条公路，使该城市能与其周边的任意一个城市均可以相连。

由于所有公路都是双向的，因此政府想降低建造成本，希望找到一种方案使这个城市与其周边的其他城市相连，并且使公路的总长度最短。

9.1.2　问题分析

假设已知 5 个城市 A、B、C、D、E，而且实现城市之间两两互连的建造成本如图 9.1 所示。这个问题抽象为如何修建公路，使这些不同城市连通，并且建造所有公路的总成本最低。

类似的问题还有很多，如城市输电线路网。一个城市中有许多变电站，要求通过输电线路将这些变电站全部连接起来，形成一个城市供电网，那么输电线路如何连接才能既保证把所有变电站都连接起来，又保证输电线路长度最短（或输电损耗最小）。图 9.2 是城市输电线路网，顶点代表变电站，边代表（可能的）输电线路，权值代表线路长度（或损耗）。同理，城市通信网的规划和构建、校园道路的规划和建设，都属于此类问题。该类问题都属于在一个赋权连通图中求最小生成树的问题，即一个包含了连通图中所有顶点（Vertex）的连通子图，并且其所有边的权值之和为最小。

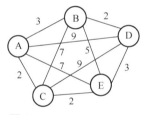

图 9.1
城市之间两两互连的建造成本

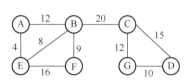

图 9.2
城市输电线路网

9.2　图的基本知识

9.2.1　图的定义和术语

图的结构定义：图是由一个顶点集 V 和一个弧集 R 构成的数据结构。Graph = (V,R)，R={VR}，其中，VR = {<v,w>| v,w∈V 且 P(v,w)}，<v,w>表示从顶点 v 到顶点 w 的一条弧，v 称为弧尾，w 称为弧头。谓词 P(v,w)定义了弧<v,w>的意义或信息。由于"弧"是有方向的，因此由顶点集和弧集构成的图称为有向图。

例如，有向图 $G_1=(V_1,VR_1)$，如图 9.3 所示。其中，$V_1=\{A,B,C,D,E\}$，$VR_1=\{<A,B>,<A,E>,<B,C>,<C,D>,<D,B>,<D,A>,<E,C>\}$。

若<v,w>∈VR 必有<w,v>∈VR,则称(v,w)为顶点 v 和顶点 w 之间存在一条边。由顶点集和边集构成的图称为无向图。例如,无向图 $G_2=(V_2,VR_2)$,如图 9.4 所示。其中,V_2={A, B, C, D, E, F},VR_2={(A,B),(A,E),(B,E),(B,F),(C,D),(C,F),(D,F) }。注意,此处边集用圆括号表示。

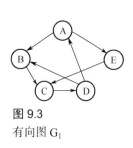

图 9.3
有向图 G_1

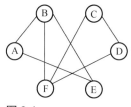

图 9.4
无向图 G_2

图的主要操作如下。

(1)结构的建立

```
CreatGraph(&G,V,VR)    //按定义(V,VR)构造图
```

(2)对邻接点的操作

```
FirstAdjVex(G,v)    //返回顶点 v 的第一个邻接点,若该顶点在图 G 中没有邻接点,
```
则返回"空"
```
NextAdjVex(G,v,w)     //返回顶点 v 的(相对于顶点 w 的)下一个邻接点,若顶点 w
```
是顶点 v 的最后一个邻接点,则返回"空"

(3)遍历

```
DFSTraverse(G,v,Visit())    //从顶点 v 起,采用深度优先遍历图 G,并对每个顶
```
点调用一次(且仅一次)函数 Visit
```
BFSTraverse(G,v,Visit())    //从顶点 v 起,采用广度优先遍历图 G,并对每个顶
```
点调用一次(且仅一次)函数 Visit

图属于非线性结构,而且它不同于树,树可以看成一种层次结构。

图的弧或边具有与它相关的数,这种数称为权值(Weight)。权值可以表示从一个顶点到另一个顶点的距离或耗费。弧或边带权的图分别称为**有向网**或**无向网**(Network),如图 9.5(a)所示。

子图的概念实际上与集合的子集的概念是类似的。设有图 G=(V,{VR})和图 G′=(V′,{VR′}),其中 V′⊆V,VR′⊆VR,则称 G′为 G 的**子图**(Subgraph),如图 9.5

所示，其中图 9.5(b)中的三个部分都是图 9.5(a)的子图。

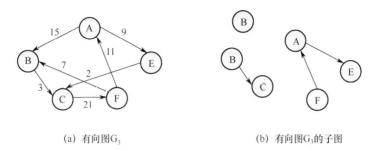

(a) 有向图G₃   (b) 有向图G₃的子图

图 9.5
有向图 G₃ 及其子图

若顶点 v 和顶点 w 之间存在一条边或弧，则称顶点 v 和 w 互为**邻接点**（Adjacent），边(v,w)或弧<v,w>与顶点 v 和 w 相关联。与顶点 v 相关联的边的数目定义为顶点 v 的**度**（Degree），记为 TD(v)。图 9.6 是无向图 G4，其中顶点 A、B 的度分别为 TD(A)=2 和 TD(B)=3。

对有向图来说，顶点的**出度**（OutDegree，OD）是以顶点 v 为弧尾的弧的数目，顶点的**入度**（InDegree，ID）是以顶点 v 为弧头的弧的数目。顶点的**度(TD)=出度(OD)+入度(ID)**。图 9.7 是有向图 G5，其中顶点 A、B 的出度和入度分别为 OD(A)=2，ID(A)=1，OD(B)=1，ID(B)=2。

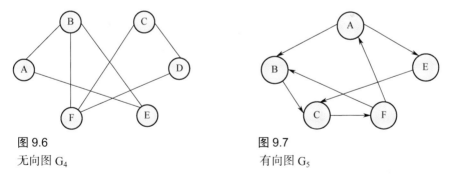

图 9.6
无向图 G₄

图 9.7
有向图 G₅

设图 G=(V,{VR})的一个顶点序列为{u=$v_{i,0}$,$v_{i,1}$, …, $v_{i,m}$=w}，其中($v_{i,j-1}$,$v_{i,j}$)∈VR，1≤j≤m，则称从顶点 u 到顶点 w 之间存在一条**路径**（Path）。路径上边的数目称为**路径长度**（Length）。例如，在图 9.7 中，路径{A,B,C,F}的长度为 3。

序列中顶点不重复出现的路径，称为**简单路径**（Simple Path）。序列中第一个顶点和最后一个顶点相同的简单路径，称为**简单回路**（Simple Cycle）。

若图 G 中任意两个顶点之间都有相通路径，则称此图为**连通图**（Connected Graph）。若无向图为非连通图，则该图中各个连通子图称为此图的**连通分量**（Connected Component）。对有向图来说，若任意两个顶点之间都存在一条有向路径，则称此有向图为**强连通图**，其各个强连通子图称为它的**强连通分量**。图 9.7 中的有向图 G_5 就是一个强连通图。有向图 G_5 的强连通分量如图 9.8 所示。

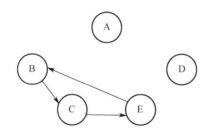

图 9.8
有向图 G_5 的强连通分量

假设一个连通图有 n 个顶点和 e 条边，其中 $(n-1)$ 条边和 n 个顶点构成一个极小连通子图，称该极小连通子图为此连通图的**生成树**。如图 9.9 所示，其中图 9.9(b) 为图 9.9(a) 的生成树。

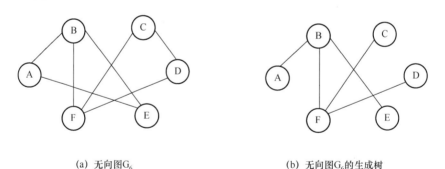

(a) 无向图 G_6 (b) 无向图 G_6 的生成树

图 9.9
无向图 G_6 及其生成树

关于图的其他概念和定义，读者可参考相关书籍进一步了解，此处不再赘述。

9.2.2 图的存储结构

由于图的结构比较复杂，任意两个顶点之间都可能存在联系，因此无法用数据元素在存储区中的物理位置来表示元素之间的关系，但可以借助数组来表示元素之间的关系，也可以用多重链表来表示图。

1. **数组表示方法**

使用两个数组分别存储数据元素（顶点）和数据元素之间的关系（边或弧）。

邻接矩阵：对于一个具有 n 个顶点的图，其邻接矩阵是一个 $n \times n$ 的方阵，其元素 A_{ij} 定义为

$$A_{ij} = \begin{cases} 1, & \left(v_i, v_j\right) \text{或} < v_i, v_j > \in \text{VR} \\ 0, & \text{其他} \end{cases}$$

对无向图而言，必有 $A_{ij}=A_{ji}$，其邻接矩阵一定是**对称矩阵**。

例如，图 9.10(a)的无向图的邻接矩阵如图 9.10(b)所示，图 9.11(a)的有向图的邻接矩阵如图 9.11(b)所示。

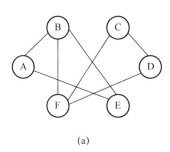

	A	B	C	D	E	F
A	0	1	0	0	1	0
B	1	0	0	0	1	1
C	0	0	0	1	0	1
D	0	0	1	0	0	1
E	1	1	0	0	0	0
F	0	1	1	1	0	0

(a)　　　　　　　　　　　　　　　　(b)

图 9.10
无向图及其邻接矩阵

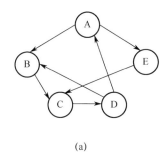

	A	B	C	D	E
A	0	1	0	0	1
B	0	0	1	0	0
C	0	0	0	1	0
D	1	1	0	0	0
E	0	0	1	0	0

(a)　　　　　　　　　　　　　　　　(b)

图 9.11
有向图及其邻接矩阵

网的邻接矩阵可定义为

$$A_{ij} = \begin{cases} W_{i,j}, & \left(v_i, v_j\right) \text{或} <v_i, v_j> \in \text{VR} \\ \infty, & \text{其他} \end{cases}$$

也就是说，用权值代替之前的 1 来表示两点之间邻接。若两个顶点之间不邻接，则用无穷大表示。网及其邻接矩阵如图 9.12 所示。

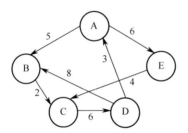

	A	B	C	D	E
A	0	5	∞	∞	6
B	∞	0	2	∞	∞
C	∞	∞	0	6	∞
D	3	8	∞	0	∞
E	∞	∞	4	∞	0

图 9.12
网及其邻接矩阵

2. 邻接表表示方法

邻接表是图的一种链式存储结构。在邻接表中，对图中每个顶点建立一个单链表，第 i 个单链表中的节点表示与 v_i 关联的边（对有向图来说，是以顶点 v_i 为尾的弧）。链表中每个节点均对应一条边（弧），其结构如下：

adjvex	nextarc	info

```
typedef struct ArcNode {
    int  adjvex;    //该边（弧）所指向的顶点的位置
    struct ArcNode *nextarc; //指向下一条边（弧）的指针
    InfoType  *info;    //该边（弧）相关信息的指针
} ArcNode;
```

每个链表附设一个表头节点，顶点的节点结构如下：

data	firstarc

```
typedef struct VNode {
    VertexType  data;    //顶点信息
    ArcNode *firstarc; //指向第一条依附该顶点的边（弧）
  } VNode, AdjList[MAX_VERTEX_NUM];
```

邻接表的图的结构定义如下：

```
typedef struct {
    AdjList  vertices;
    int   vexnum, arcnum;  //图的当前顶点的数量和弧的数量
    int   kind;   //图的种类标志
} ALGraph;
```

无向图及其对应邻接表如图 9.13 所示。

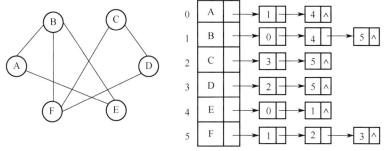

图 9.13
无向图及其对应邻接表

有向图及其对应邻接表如图 9.14 所示。可见，相对于无向图，在有向图的邻接表中不易找到指向该顶点的弧，若要求该顶点的入度，则必须遍历整个邻接表才可求得。有时，为了便于确定顶点的入度或以顶点 v_i 为头的弧，可以建立有向图的逆邻接表，即对每个顶点 v_i 均建立一个链接以 v_i 为头的弧的表。有向图及其逆邻接表如图 9.15 所示。

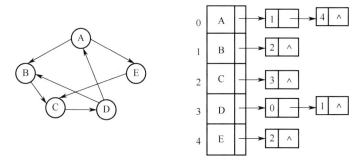

图 9.14
有向图及其对应邻接表

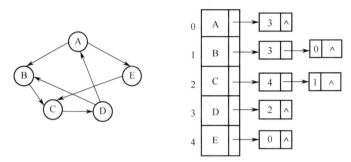

图 9.15
有向图及其逆邻接表

9.3　最小生成树的求解

如何求解网的一棵最小生成树，即在 e 条带权的边中选取(n-1)条边（不构成回路），使权值之和最小。有两种方法可以求解，分别是普里姆（Prim）算法和克鲁斯卡尔（Kruskal）算法。

9.3.1　普里姆算法

假设 N=(V,{E}) 是连通网，TE 是连通网 N 上最小生成树中边的集合。算法从 U={u_0}($u_0 \in$ V)，TE={}开始，重复执行下述操作：在所有 u∈U,v∈V–U 的边(u,v)中找一条权值最小的边(u_0,v_0)并加入到集合 TE 中，同时 v_0 并入集合 U 中，直至当 U=V 时为止。此时 TE 中必有(n-1)条边，则 T=(V,{TE})为 N 的最小生成树。

无向图 G_7 如图 9.16 所示。

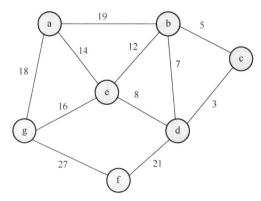

图 9.16
无向图 G_7

假设从顶点 a 开始，首先选择一个端点在生成树中，另一个端点不在生成树中且权值最小的边。此时生成树中只有顶点 a，所以权值最小的边应该是边(a,e)，权值为 14，将顶点 e 加入到生成树中。继续执行上述操作，即选择一个端点在生成树中，另一个端点不在生成树中且权值最小的边，此时应该是边(e,d)。以此类推，继续选择的是(d,c)、(b,c)、(e,g)和(d,f)这 4 条边。至此，按照普里姆算法，无向图 G_7 的最小生成树即可求得，求解过程如图 9.17 所示。其中，选中顶点连接的边（图 9.17 中用虚线标注）是最小生成树选择的边，其权值之和为 14+8+3+5+16+ 21=67。

为了实现这个求解过程，需要附设一个辅助数组 closedge，以记录从集合 U 到 V−U 具有最小权值的边。对每个顶点均有 $v_i \in V-U$，在辅助数组中存在一个相应分量 closedge[i−1]，它包括两个域，其中 lowcost 域存储该边上的权。显然，closedge[i−1].lowcost=Min{cost(u,v_i)|u∈U}。adjvex 域存储与该边关联的且在集合 U 中的顶点。

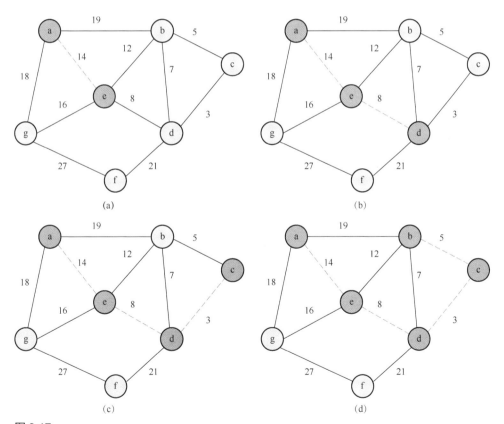

图 9.17
利用普里姆算法求解最小生成树的过程

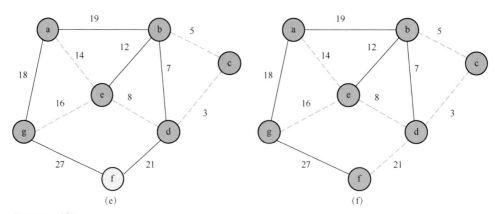

图 9.17（续）

利用普里姆算法求解最小生成树的过程

图 9.17 是利用普里姆算法求解最小生成树的过程，求解过程中辅助数组中各分量值的变化如表 9.1 所示。

表 9.1　利用普里姆算法求解最小生成树过程中辅助数组中各分量值的变化

closedge	i						U	V–U	k
	1 b	2 c	3 d	4 e	5 f	6 g			
adjvex lowcost	a 19			a 14		a 18	{a}	{b,c,d,e,f,g}	4
adjvex lowcost	e 12		e 8	0		e 16	{a,e}	{b,c,d,f,g}	3
adjvex lowcost	d 7	d 3	0	0	21	e 16	{a,e,d}	{b,c,f,g}	2
adjvex lowcost	c 5	0	0	0	21	e 16	{a,e,d,c}	{b,f,g}	1
adjvex lowcost	0	0	0	0	d 21	e 16	{a,e,d,c,b}	{f,g}	6
adjvex lowcost	0	0	0	0		0	{a,e,d,c,b,g}	{f}	5
adjvex lowcost	0	0	0	0	0	0	{a,e,d,c,b,g,f}	{ }	

初始状态时，由于 U={a}，因此到 V–U 中各顶点的最小边，即右与顶点 a 关联的各条边中，找到一条权值最小的边 $(u_0, v_0)=(a,e)$，并将其作为生成树中的第一条边，同时将顶点 v_0（此处为顶点 e）并入集合 U 中，再修改辅助数组中的值。首先将 closedge[4]. lowcost 改为 "0"，表示顶点 e 已并入集合 U 中。然后，由于边(e,b)上的权值小于 closedge[1]. lowcost，因此需要修改 closedge[1]。同理，修改

closedge[3]和 closedge[6]。以此类推，直到 U=V。

　　图 9.18(a)是利用普里姆算法求解的最小生成树,首先把顶点 v_1 放到生成树中，即初始状态 U={v_1}，然后按照普里姆算法逐步求解，最终可求得一棵最小生成树，具体过程参见图 9.18(b)～图 9.18(f)。图 9.19 是利用普里姆算法求最小生成树的算法流程图，在该图中，第一个循环是对辅助数组 closedge 的初始化，之后开始求最小生成树。其中，i 表示所求得生成树中顶点的个数，当 i=n（顶点总数）时，完成生成树的求解，算法结束。顶点 k 表示一个端点在生成树中，另一个端点不在生成树中且权值最小的那条边的另一端点，即 closedge[k].lowcost=Min{cost(u,v_k)| u∈ U,v_k∈V−U}，选择这条边并输出，同时把顶点 k 并入生成树中。注意，随着顶点 k 并入生成树中，对于那些不在生成树中的顶点，其 closedge[ ]值可能发生变化，需要对其进行调整。

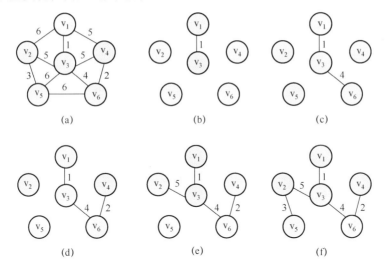

图 9.18
利用普里姆算法求解最小生成树的过程

　　普里姆算法的参考代码如下。

```
void MiniSpanTree_P(MGraph G, VertexType u) {
    //利用普里姆算法从顶点 G 出发求解网 G 的最小生成树
    k=LocateVex (G, u);
    for (j=0; j<G.vexnum; ++j)  //辅助数组初始化
        if (j!=k)
    closedge[j] = {u, G.arcs[k][j].adj};//将顶点 k 及与其有边的权值存
                                         入数组
```

```
    closedge[k].lowcost=0;        //初始化，U = {u}
    for (i=1; i<G.vexnum; ++i) {
(继续向生成树上添加顶点);
    }
    k=minimum(closedge); //求出加入生成树的下一个顶点 k
    printf(closedge[k].adjvex, G.vexs[k]); //输出生成树上的一条边
    closedge[k].lowcost = 0;   //顶点 k 并入集合 U 中
    for (j=0; j<G.vexnum; ++j) //修改其他顶点的最小边
        if (G.arcs[k][j].adj<closedge[j].lowcost)
            closedge[j] = {G.vexs[k], G.arcs[k][j].adj};
    } MiniSpanTree
```

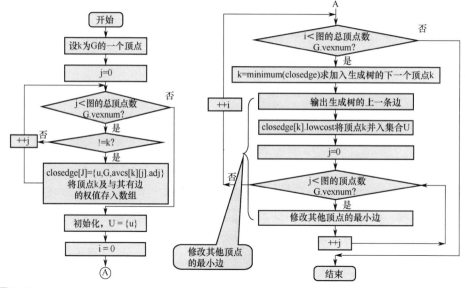

图 9.19

利用普里姆算法求最小生成树的算法流程图

9.3.2 克鲁斯卡尔算法

克鲁斯卡尔算法从另一个角度求网的最小生成树，其基本思想是：假设连通网 N=(V,{E})，则令最小生成树的初始状态是只有 n 个顶点而无边的非连通图 T=(V,{ })，并且图中每个顶点自成一个连通分量。在集合 E 中选择两个顶点分别在不同的连通分量上且权值最小的边，将此边加入到生成树中。重复此过程，直至集合 T 中所有顶点都在同一个连通分量上为止。图 9.20(a) 为无向网图，图 9.20(b) ~ 图 9.20(f) 是利用克鲁斯卡尔算法求解最小生成树的过程。

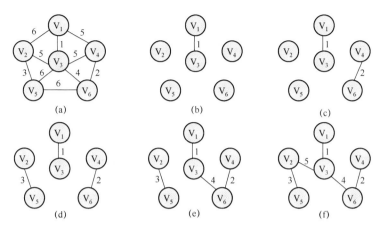

图 9.20

利用克鲁斯卡尔算法求解最小生成树的过程

9.4　城市公路连接问题的求解

　　城市公路连接问题就是一个求解最小生成树的问题。将每个城市均看成一个顶点，连接两个城市的公路的建造成本就是边的权值。

　　求解此问题的算法实际上就是一个求解给定无向连通网的最小生成树的算法。解决该问题既可以使用普里姆算法，又可以使用克鲁斯卡尔算法。

　　利用普里姆算法求解城市公路连接问题的过程如图 9.21 所示。

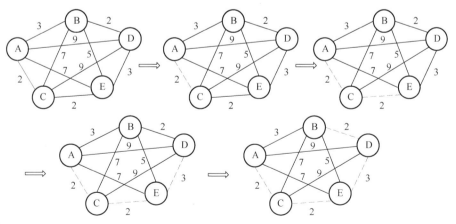

图 9.21

利用普里姆算法求解城市公路连接问题的过程

9.5 城市之间的通信线路网建设问题

9.5.1 问题描述

在 n 个城市间建立通信线路网，需要建设$(n-1)$条线路。求解如何以最低建设成本建设此通信线路网。

9.5.2 问题分析

用顶点表示城市，边表示两个城市之间的通信线路网，边上的权值表示线路的长度或造价，进而得到网络 G，网络 G 是 n 个城市之间的通信线路网。

此问题也是一个典型的求无向连通网的最小生成树的问题。可以考虑利用普里姆算法或克鲁斯卡尔算法求解。

9.6 总结与思考

本章通过城市公路连接问题，引出了图的概念。简单介绍了图的基础知识，重点是最小生成树的概念，以及求解最小生成树的普里姆算法和克鲁斯卡尔算法。通过对城市公路连接问题的分析及求解，进一步掌握相关知识的原理及应用。

思考题：

1. 寻找在日常生活和学习中的类似问题（教材中涉及问题的除外），给出问题的描述及初步的求解分析。

2. 思考利用经典的最小生成树算法（普里姆算法或克鲁斯卡尔算法）如何解决大量数据计算与存储效率问题。

第 10 章
地图导航

■ ■ ■

本章的主要内容包括如何去罗马、如何求解最短路径、如何实现去罗马及校园导航等，最后是对本章内容的总结与思考。

首先看一个生活中的实例：手机导航。小明一家想从青岛出发，驾车去济南，为确保路线正确，在手机上搜索导航路线。

导航的结果显示有两条可选路线。一条路线是青银高速，该路线的特点是时间较长，收费较少，途经淄博，所需时间是 4 小时 48 分，公路里程是 365.9km，高速费是 130 元，如图 10.1(a)所示。另一条路线是青兰高速，该路线的特点是时间较短，收费较高，途经莱芜，所需时间是 4 小时 37 分，公路里程是 365.5km，高速费是 175 元，如图 10.1(b)所示。

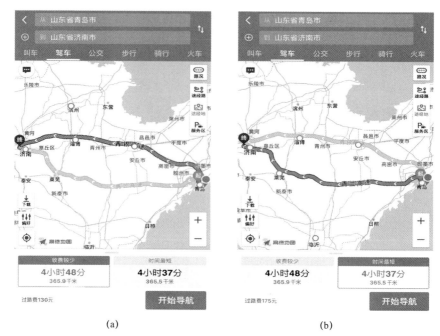

(a)   (b)

图 10.1
两条可选线路图

10.1 如何去罗马

10.1.1 问题描述

如图 10.1 所示，从一个城市去往另一个城市，不同的路线会经过不同的城市，所需时间不同，行驶的里程也不同。俗话说，条条大路通罗马，那么如何知道在通往罗马的路径中哪条是最短（或时间最短）的路线，以及这条路线经过哪些城市呢？

10.1.2 问题分析

对问题进行分析时，可以用一个带权有向图（有向网）表示公路网，图中的顶点表示城市，顶点之间的有向边表示城市之间的公路，有向边上的权值表示城市间的公路长度（或所需时间）。

这个问题就演变成了如下问题：在一个带权有向图中，求一个顶点到其他顶点的最短路径。该问题可以分解为以下三个子问题。

（1）赋权有向图的存储问题。

（2）如何求解最短路径。

（3）如何将最短路径输出。

其中，子问题（1）在第 9 章已经介绍过，这里不再赘述，下面重点讨论子问题（2）。

10.2 如何求解最短路径

如何求解最短路径，这个问题可以按两种情况分析：第一种情况，求从某个源点到其余各顶点的最短路径，这种情况通常用迪杰斯特拉（Dijkstra）算法求解；第二种情况，求每对顶点之间的最短路径，通常使用弗洛伊德（Floyd）算法求解。下面对这两种算法进行简单介绍。

10.2.1 从某个源点到其余各顶点的最短路径

求从某个源点到其余各顶点的最短路径的算法的基本思想：迪杰斯特拉提出了根据路径长度递增的顺序求各条最短路径的算法。

最短路径的特点：在这条路径上，必定只含有一条弧（弧尾为源点），并且这条弧的权值最小，假设该顶点为 v_j，最短路径示意图如图 10.2 所示。

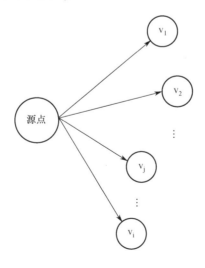

图 10.2
最短路径示意图

次最短路径的特点：该路径只可能有两种情况，或是直接从源点到该顶点（只含有一条弧），或是从源点经过顶点 v_j，再到达该顶点（由两条弧组成），假设该顶点为 v_k。

一般情况下，假设 S 为已求得最短路径的终点集合，则可证明：下一条最短路径（设终点为 x）或是弧$<v_0,x>$，或是中间只经过集合 S 中的顶点而最后到达顶点 x 的路径。

因此，在一般情况下，下一条最短路径的长度为

$$D[j]=Min\{D[i]|v_i \in V-S\}$$

其中，D[i]或是弧$<v_0,v_i>$上的权值，或是 D[k]（$v_k \in S$）和弧$<v_k,v_i>$上的权值之和。V 为图中顶点集合，集合 S 用以存放其最短路径已求得的顶点集合，初始为空{}。

根据上述分析，可以得到如下描述的算法。

设置辅助数组 Dist，其中每个分量 Dist[k]均表示当前求得的从源点 v_0 到其余各顶点 v_k 的最短路径的长度。

Dist[k]初值为

$$Dist[k] = \begin{cases} G.arcs[v_0][v_k], & v_0 和 v_k 之间存在弧 \\ \infty, & v_0 和 v_k 之间不存在弧 \end{cases}$$

（1）在所有从源点出发的弧中选取一条权值最小的弧，即第一条最短路径。

（2）选择顶点 v_j，使得 $D[j]=Min\{D[i]|v_i \in V-S\}$，顶点 v_j 就是当前求得的一条从源点 v_0 出发的最短路径的终点，并且令 $S=S \cup \{j\}$。

（3）修改从源点 v_0 出发到集合 V-S 上其余各顶点的 Dist[k]值。

若 Dist[j]+G.arcs[j][k]<Dist[k]，则将 Dist[k]改为 Dist[j]+G.arcs[j][k]。

（4）重复操作（2）和（3）共(n-1)次。由此求得从源点 v_0 到其余各顶点的最短路径，而且是依路径长度递增的顺序。

上述算法的参考代码如下。

```
void ShortestPath_DIJ( MGraph G, int v0, PathMatrix &P,
ShortPathTable &D) {
```

```
    /*用迪杰斯特拉算法求有向网 G 的源点 v0 到其余顶点 v 的最短路径 P[v] 及其长度
D[v]。若 P[v][w] 为 TRUE,则 w 是从 v0 到 v 当前求得最短路径上的顶点,final[v] 为 TRUE,
当且仅当 v∈S 时，才能求得从 v0 到 v 的最短路径*/
    for(v=0; v<G.vexnum; ++v) {
        final[v]=FALSE; D[v]=G.arcs[v0][v];
        for(w=0; w<G.vexnum; ++w)  P[v][w]=FALSE;
        //设空路径
        if(D[v]<INFINITY)
        { P[v][v0] = TRUE; P[v][v] = TRUE; }
    }//for
     D[v0]=0; final[v0]=TRUE;        //初始化，源点 v0 属于集合 S
//开始主循环，每次求得源点 v0 到某个顶点 v 的最短路径，并将 v 加入到集合 S 中
    for(i=1; i<G.vexnum; ++i) {  //其余(G.vexnum-1)个顶点
        min=INFINITY;        //当前已知离源点 v0 的最近距离
        for(w=0; w<G.vexnum; ++w)
          if( !final[w] )                //顶点 w 在集合 V-S 中
              if(D[w]<min) {v=w; min=D[w]; }//顶点 w 离源点 v0 更近
        final[v]=TRUE;        //将离源点 v0 最近的 v 加入集合 S 中
        for ( w=0; w<G.vexnum; ++w ) //更新当前最短路径及距离
          if( !final[w] && ( min + G.arcs[v][w] < D[w] )){
              D[w] = min+G.arcs[v][w];
              P[w] = P[v]; P[w][w] = TRUE;   //P[w] = P[v]+[w]
          }//if
    }//for
}// ShortestPath_DIJ
```

图 10.3(a)是一个带权有向图，图 10.3(b)是其对应的邻接矩阵，利用迪杰斯特拉算法求从源点 v0 到其余各顶点的最短路径的过程如表 10.1 所示。

如表 10.1 中 *i*=1 所在列所示，求第一条距离最短的路径，根据该算法是以源点 v0 为尾的权值最小的弧，从表 10.1 中可以看出，该弧是弧<v0,v2>，距离为 10，所以求得的第一个顶点是 v2，将顶点 v2 加入到集合 S 中。对剩余顶点（不在集合 S 中的顶点）的 Dist[k]值进行修改，如表 10.1 中 *i*=2 所在列所示。现在可以求第二条次最短路径，即从源点 v0 到顶点 v4 这条路径，距离为 30。以此类推，就可以得到从源点 v0 到其余各顶点的最短距离了。

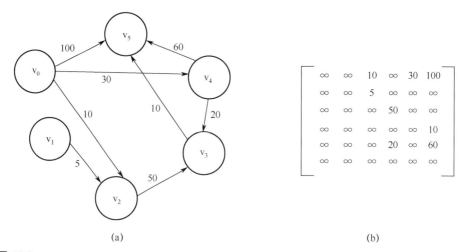

图 10.3
带权有向图及其对应的邻接矩阵

表 10.1 利用迪杰斯特拉算法求从源点 v_0 到其余各顶点的最短路径的过程

终点	求解过程				
	$i=1$	$i=2$	$i=3$	$i=4$	$i=5$
v_1	∞	∞	∞	∞	∞ 无
v_2	10 (v_0,v_2)				
v_3	∞	60 (v_0,v_2,v_3)	50 (v_0,v_4,v_3)		
v_4	30 (v_0,v_4)	30 (v_0,v_4)			
v_5	100 (v_0,v_5)	100 (v_0,v_5)	90 (v_0,v_4,v_5)	60 (v_0,v_4,v_3,v_5)	
v_j	v_2	v_4	v_3	v_5	
S	(v_0,v_2)	(v_0,v_2,v_4)	(v_0,v_2,v_3,v_4)	(v_0,v_2,v_3,v_4,v_5)	

10.2.2 每对顶点之间的最短路径

利用迪杰斯特拉算法可以求得一个源点到其余各顶点的最短路径。现要求每对顶点之间的最短路径的方法为：每次以一个顶点为源点，重复执行迪杰斯特拉算法，便可求得任意一对顶点之间的最短路径。

下面介绍另一种方法，弗洛伊德算法。该算法由其创始人之一、1978 年图灵奖获得者、斯坦福大学计算机科学系教授罗伯特·弗洛伊德命名。

佛洛伊德算法的基本思想是：从图的带权邻接矩阵 cost 开始，从顶点 v_i 到顶点 v_j 的所有可能存在的路径中，选出一条长度最短的路径。

若 $<v_i,v_j>$ 存在，则存在一条长度为 G.arcs[v_i][v_j] 的路径 $\{v_i,v_j\}$，该路径中不含其他顶点，且该路径不一定是最短的，尚需进行 n 次试探。首先考虑路径 (v_i,v_0,v_j) 是否存在，即判断 $<v_i,v_0>$ 和 $<v_0,v_j>$ 是否存在。若存在，则比较路径 (v_i,v_j) 和 (v_i,v_0,v_j) 的路径长度，取长度较短者为从 v_i 到 v_j 的中间顶点的序号不大于 0 的最短路径。假如在路径上再增加一个顶点 v_1，即如果 $(v_i,\cdots,v_1)$ 和 $(v_1,\cdots,v_j)$ 分别是当前找到的中间顶点的序号不大于 0 的最短路径，那么 $(v_i,\cdots,v_1,\cdots,v_j)$ 就有可能是从 v_i 到 v_j 的中间顶点的序号不大于 1 的最短路径。将该路径与已经得到的从 v_i 到 v_j 的中间顶点的序号不大于 0 的最短路径相比较，从中选出中间顶点的序号不大于 1 的最短路径后，再增加一个顶点 v_2，继续进行试探。

以此类推，在一般情况下，若 $(v_i,\cdots,v_k)$ 和 $(v_k,\cdots,v_j)$ 分别是当前找到的从 v_i 到 v_k 和从 v_k 到 v_j 的中间顶点的序号不大于 k-1 的最短路径，则将 $(v_i,\cdots,v_k,\cdots,v_j)$ 与已经得到的从 v_i 到 v_j 的中间顶点的序号不大于 k-1 的最短路径相比较，其长度较短者便是从 v_i 到 v_j 的中间顶点的序号不大于 k 的最短路径。这样，在经过 n 次比较后，最后求得的必然是从 v_i 到 v_j 的最短路径。

按照此思路，现定义一个 n 阶方阵序列：$D^{(-1)},D^{(0)},D^{(1)},\cdots,D^{(k)},\cdots,D^{(n-1)}$。其中，$D^{(-1)}$ 表示最初的邻接矩阵。

$$D^{(-1)}[i][j]=G.arcs[i][j]$$

$$D^{(k)}[i][j]=Min\{D^{(k-1)}[i][j],D^{(k-1)}[i][k]+D^{(k-1)}[k][j]\}$$

从以上计算公式可以看出，$D^{(1)}[i][j]$ 是从 v_i 到 v_j 的中间顶点的序号不大于 1 的最短路径的长度；$D^{(k)}[i][j]$ 是从 v_i 到 v_j 的中间顶点的序号不大于 k 的最短路径的长度；$D^{(n-1)}[i][j]$ 就是从 v_i 到 v_j 的最短路径的长度。

弗洛伊德算法的参考代码如下。

```
void ShortestPath_FLOYD( MGraph G, PathMatrix &P[ ], DistancMatrix
&D) {
//用弗洛伊德算法求有向网 G 中各对顶点 v 和 w 之间的最短路径 P[v][w]及其长度
D[v][w]
```

```
//若 P[v][w][u]为 TRUE，则 u 是从 v 到 w 当前求得最短路径上的顶点
    for(v=0; v<G.vexnum; ++v)      //初始化各对顶点之间的已知路径及距离
        for(w=0; w<G.vexnum; ++w) {
            D[v][w]=G.arcs[v][w];
            for(u=0; u<G.vexnum; ++u)    P[v][w][u]=FALSE;
                if(D[v][w]<INFINITY) {    //从顶点 v 到 w 有直接路径
                    P[v][w][v] = TRUE; P[v][w][w] = TRUE;
                }//if
        }//for
for(u=0; u<G.vexnum; ++u)
    for(v=0; v<G.vexnum; ++v)
        for(w=0; w<G.vexnum; ++w)
            if( D[v][u]+D[u][w]<D[v][w] ) {
                            //从顶点 v 经 u 到 w 的一条路径更短
                D[v][w]=D[v][u]+D[v][w];
                for ( i=0; i<G.vexnum; ++i )
                    P[v][w][i] = P[v][u][i] || P[u][w][i];
            }//if
}// ShortestPath_FLOYD
```

图 10.4(a)是一个带权有向图，图 10.4(b)是该图对应的邻接矩阵。利用弗洛伊德算法求有向图的各顶点间的最短距离及路径如表 10.2 所示。其中，矩阵 D 代表两点之间的最短距离，矩阵 P 代表两点之间的最短路径。

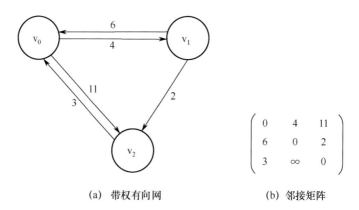

(a) 带权有向网   (b) 邻接矩阵

图 10.4
带权有向图及其对应的邻接矩阵

表 10.2　利用弗洛伊德算法求有向图的各顶点间的最短距离及路径

D	$D^{(-1)}$			$D^{(0)}$			$D^{(1)}$			$D^{(2)}$		
	0	1	2	0	1	2	0	1	2	0	1	2
0	0	4	11	0	4	11	0	4	6	0	4	6
1	6	0	2	6	0	2	6	0	2	5	0	2
2	3	∞	0	3	7	0	3	7	0	3	7	0
P	$P^{(-1)}$			$P^{(0)}$			$P^{(1)}$			$P^{(2)}$		
	0	1	2	0	1	2	0	1	2	0	1	2
0		v_0v_1	v_0v_2		v_0v_1	v_0v_2		v_0v_1	$v_0v_1v_2$		v_0v_1	$v_0v_1v_2$
1	v_1v_0		v_1v_2	v_1v_0		v_1v_2	v_1v_0		v_1v_2	$v_1v_2v_0$		v_1v_2
2	v_2v_0			v_2v_0	$v_2v_0v_1$		v_2v_0	$v_2v_0v_1$		v_2v_0	$v_2v_0v_1$	

10.3　如何实现去罗马

从前面关于求最短路径方法的介绍可以看出，如何实现去罗马的问题就是一个导航问题，即求从所在城市到罗马的最短路径。

这个最短路径可能是距离最近、时间最短或费用最低，取决于问题的具体要求。前提是有一张完整的电子地图（可简化成一个带权有向图），去罗马的导航方法与我们现在用到的手机导航是相似的。

导航软件的基本原理就是求最短路径的算法，再加上一些辅助功能。

10.4　校园导航

10.4.1　问题描述

设计校园平面图，其中至少包括 8 个以上的地点，每两个地点间均可以有不同的路径，并且路径长度也可以不同，找出从任意地点到达另一地点的最佳路径（路径最短）。具体要求如下。

（1）设计校园平面图，在其中选择 8 个地点。

（2）为来访客人提供图中任意地点相关信息的查询。

（3）为来访客人提供任意地点的问路查询，即查询任意两个地点之间的一条最短路径。

10.4.2 问题分析

利用有向图表示校园具体地点的位置信息及各地点间的交通信息，并用二维数组存储有向图邻接矩阵。该矩阵的内容必须包括：表示位置的顶点、表示交通线路的有向边，以及路径长度等有关信息。

对于该问题的路径选择主要是利用迪杰斯特拉算法求最短路径。

图 10.5 是以中国海洋大学崂山校区为例的校园平面图。该图包括 8 个地点：行远楼、图书馆、信息学院、北区食堂、五子顶、东区操场、北区宿舍、北区操场。

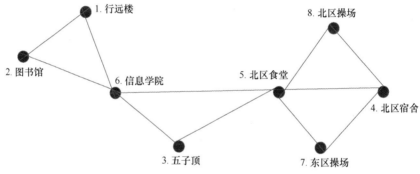

图 10.5
校园平面图

10.4.3 算法设计

图 10.6 是校园导航算法流程图。该图左侧部分的功能是查询校园地图，了解校园地点的整体情况；该图中间部分的功能是查询地点信息，输入要查询的地点，可以找到该地点并输出该地点的相关信息；该图右侧部分的功能是查询地点间的最短路径，输入起点和终点，用迪杰斯特拉算法求解从起点到终点的最短路径和最短距离，并输出。起点也可以通过其他方式（如手机定位）来自动获取。

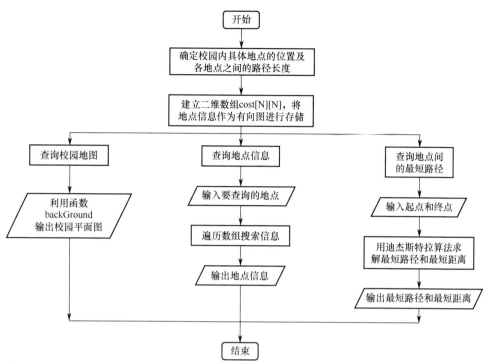

图 10.6
校园导航算法流程图

校园导航算法的参考代码如下。

```
void shortestdistance()
{
  int i,v,w,v0,j;
  int min;
  int top[9]= {0};
  int cost[9][9];
  int path[9][9];
  int final[9]= {0};
  int D[9];
  for(i=0; i<9; i++)
    for(j=0; j<9; j++)
    cost[i][j]=Init_Length;
    cost[1][2]=cost[2][1]=5;
    cost[2][6]=cost[6][2]=13;
    cost[1][6]=cost[6][1]=10;
```

```
cost[6][5]=cost[5][6]=15;
cost[3][5]=cost[5][3]=10;
cost[3][6]=cost[6][3]=10;
cost[5][8]=cost[8][5]=10;
cost[5][4]=cost[4][5]=15;
cost[5][7]=cost[7][5]=10;
cost[8][4]=cost[4][8]=10;
cost[4][7]=cost[7][4]=10;
printf("请输入您现在所在的地点：\n");
scanf("%d",&v0);
while(v0>8||v0<1) {
    printf("ERROR!请重新输入编号 1 至 8\n");
    scanf("%d",&v0);}
for(i=1; i<9; i++)
    for(j=1; j<9; j++)  path[i][j]=0;
for(v=1; v<9 ; v++)
{
    D[v]=cost[v0][v];
    if(D[v]<Init_Length)
    {
        path[v][(++(top[v]))]=v0;
        path[v][(++(top[v]))]=v;
    }
}
D[v0]=0;
final[v0]=1;
for(i=2; i<9; ++i) {
    min=Init_Length;
    for(w=1; w<9; ++w) {
        if((final[w]==0)&&(D[w]<min)) {
            v=w;
            min=D[w];}}
    final[v]=1;
    for(w=1; w<9; ++w) {
        if((final[w]==0)&&(min+cost[v][w]<D[w])) {
            D[w]=min+cost[v][w];
            for(j=1; j<9; j++)
                path[w][j]=path[v][j];
```

```
                                top[w]=top[v]+1;
                                path[w][(top[w])]=w;
                    }}}
        printf("请输入您要去的地点：\n");
        scanf("%d",&w);
        printf("\n");
        while(w>8||w<1)
        {
            printf("ERROR!输入错误，请重新输入编号 1 至 8：\n");
            scanf("%d",&w);
        }
        printf("最短路径：\n");
        for(i=1; path[w][i]!=0; i++)
            printf("-->%d",path[w][i]);
        printf("\n");
        printf("最短路径的长度：%d\n",D[w]);
}
```

其中，top[v]表示路径的末端点；cost[i][j]表示从 i 点到 j 点之间的路径长度；path[i][j]表示从 i 点到 j 点之间的最短路径集合；final[v]=0 表示该顶点未并入集合 S 中；final[v]=1 表示该顶点已并入集合 S 中；D[w]表示最短路径的长度。

10.5　总结与思考

　　本章通过对如何去罗马问题的分析，引入在带权有向图中求最短路径的问题。通过对迪杰斯特拉算法和弗洛伊德算法的介绍，了解了如何求最短路径，以及手机导航的基本原理。通过对校园导航问题的讨论，加深对迪杰斯特拉算法的理解。

　　思考题：

　　1. 如图 10.7 所示，A 处有 m 个城市，B 处有 n 个城市，A、B 之间有一些城市，A、B 及其之间所有的城市构成了一个图，图的信息已经全部存储在邻接矩阵中。如何从 A 处选择一个城市 a，并且从 B 处选择一个城市 b，使得由城市 a 到城市 b 的路径最短。要求给出城市 a、b 的选择和求出城市 a、b 间最短路径的方法描述，无须编写代码，只描述解决办法即可。

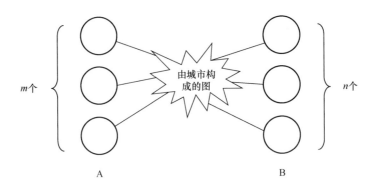

图 10.7
思考题 1 图

2. 在九宫格（3×3）的棋盘上摆放了 8 枚棋子，每枚棋子上均一个有 1～9 的整数，棋盘中留有一个空格（用 0 表示），这 8 枚棋子均可以移到空格中。

问题：任意给出一种初始布局（初始状态）和目标布局（132805647），找到一种移动次数最少的方法，实现从初始布局到目标布局的转变。

参 考 文 献

[1] 严蔚敏，吴伟民. 数据结构[M]. 北京：清华大学出版社，2002.

[2] 严蔚敏，吴伟民. 数据结构题集[M]. 北京：清华大学出版社，2003.

[3] 托马斯 H. 科尔曼著，王宏志译. 算法基础：打开算法之门[M]. 北京：机械工业出版社，2017.

[4] 徐子珊. 趣题学算法[M]. 北京：人民邮电出版社，2017.

[5] Google 计算思维课程（中文版），网络资源.

[6] 李国和. 基于搜索策略的问题求解——数据结构与 C 语言程序设计综合实践[M]. 北京：电子工业出版社，2019.

[7] 耿国华. 数据结构——C 语言描述[M]. 北京：高等教育出版社，2005.

[8] 周海英，马巧梅，靳雁霞. 数据结构与算法设计[M]. 北京：国防工业出版社，2007.

[9] 陈明. 数据结构（C 语言版）[M]. 北京：清华大学出版社，2005.

[10] 夏克俭，王绍斌. 数据结构[M]. 北京：国防工业出版社，2007.